扼殺《やくさつ》される日本の農業

資源・食糧問題研究所
柴田　明夫

目次

目次

まえがき

「真綿で首を絞められているようだ」という表現があります。安倍政権の行ってきたこの7年間の農業政策を振り返ると、まさにそう感じざるを得ません。しかも、その力は年々強まっているのです。

❖

平成の世が終わり、令和の時代が始まってから一年が経とうとしています。令和はどのような時代になるのでしょうか。すでに見えているものがあります。いま世界は気候大変動に伴う環境の限界、グローバリズムの限界、低コスト原油の限界という「3つの限界」に直面していることです。

加速し深刻化する地球温暖化問題を考えた場合、世界は脱炭素化に向かわざるを得ません。脱炭素化社会とは、今後利用できる化石燃料からのエネルギー量が大幅に減少する社会でもあります。

経済発展に必要な低コストの石油資源が使えないとすれば、世界経済の持続的成長も難しいでしょう。エスカレートする米中貿易戦争は、グローバリゼーションの限界を暗示する動きでもあります。

わたしたちの日本の場合は、もっと大変です。

これら「3つの限界」に加えて、人口減少、高齢化、大地震災害の懸念、国家財政破たん懸念などの固有の問題を抱えているからです。

安倍政権は「骨太方針2019」で、課題先進国の日本だからこそ非連続的なイノベーションによってさらなる成長が可能になる、との見方をしています。

しかし、どのように楽観的にみても、人口が減少し、高齢化していく令和の時代は「低成長経済であり低エネルギー消費社会」とならざるを得ません。

わたしたちの「国のかたち」も「低成長・低エネルギー消費」を前提にした社会に変えていかなければなりません。そのためには、「自然の力を最大限発揮し維持させる」という伝統的な日本の思想をベースにした農林水産業の再興がまず必要です。

思い起こせば、平成時代が始まった1989年は、偶然にも東西冷戦の終焉《しゅうえん》とも重なり、戦争のない希望に満ちた世界が約束されているかに見えました。

しかし、現実はどうでしょう。

平成の年間を振り返ると「平成（平《たい》らかに成《な》る）」とはいかず、内外情勢は混迷を極め、将来の不安は増すばかりです。

まさに、「平らかにして傾かずということなく、往《い》きて還《かえ》らずということなし」（易経《えききょう》・

地天泰《ちてんたい》）の辞どおり、安泰の時はいつまでも続くことはなく、過ぎ去ったかに見えた陰も必ず戻ってくるのです。

いま、日本には、そこはかとない不安が広がっています。それは超高速で高齢化する経済・社会に対する不安であり、わたしたちの生命の源泉である農業・食料不安でもあります。

２０１８年度の食料自給率（カロリーベース）が過去最低の37％になりました。コメの消費減が止まらないことや畜産物の輸入増が自給率を引き下げた要因とはいえ、農地面積の減少や農家数の減少など、農業生産基盤の弱体化が進んでいることが根本にあります。

問題は、本来、社会の安定基盤であるはずの家族農業を中心とする農業・農村が、農業競争力を強化し、農業・農村所得を倍増するとの美名の下に解体されようとしていることです。

家族農業は、地域において社会的ネットワークを形成しており、そこでの相互扶助が連帯意識を醸成しています。

わたしたちは、農業・農村の多様な機能を活かすことが、平成時代において失われつつある社会安定装置の強化につながることを再認識すべきです。

2012年12月の衆院選を圧勝し誕生した第2次安倍政権は、経済政策面で「大胆な金融緩和」、「機動的な財政政策」、「企業の成長戦略」という、いわゆる「3本の矢」政策を打ち出しました。しかし結果はいずれも失敗、すなわち壮大な鏑矢《かぶらや》に終わりました。「人の心は時を経て分かる」(易経)という言葉があります。時間の経過というものは恐ろしいもので、その当時の政策の是非は「時というフィルター」を通して見れば、何が真実であったのかすべて明らかになります。

❖

安倍政権が誕生して以降、農業においてもアベノミクス「攻めの農業」の名の下、矢継ぎ早に改革(という名の改悪)が打ち出されてきました。しかし、その政策の効果はどうでしょうか。

「農業を成長産業化する」というスローガン。もちろん異論はありません。むしろ大賛成です。

しかし、いったい最終的には誰にとっての成長産業なのか、が問われねばなりません。また時間軸はどうか。短期的な成長なのか、持続的な成長を考えてのことなのか。そもそも農業にとって成長とは何か。疑問は尽きません。

きっかけは、2016年11月に政府・与党が策定した『農業競争力強化プログラム』(以下『強化プログラム』）でした。

もともとは、ＴＰＰ（環太平洋パートナーシップ協定）対策として打ち出されたものですが、２０１７年1月にアメリカのトランプ新政権がＴＰＰを離脱すると、安倍政権はＴＰＰが発効しようがしまいが、大胆な改革は必要であるとの論調に変わりました。

政府の『強化プログラム』については、部分的には賛成できるものも多くあります。

しかし、「攻めの農業」は少なくとも3つの点で一国の農業政策としては相応しくありません。

1つ、短期的視点に立っていること、

2つ、特定の経営体を支援する政策であること、

3つ、儲かるかどうか、という、いかにも工業の論理に立っていることです。

その結果、「攻めの農業」は、日本の農業が長年にわたり培ってきた小規模農家による相互扶助的な仕組みや、水の管理などの社会的なインフラを時代遅れであるとか、非効率であるといった理由で排斥することになるのです。

❖

曲がりなりにも一国の農業・農政を論じる場合には、一部の優れた経営のみに焦点を当てるのではなく、家族経営による小さな農業、条件不利な地域で水田や畑を維持している

農業にも十分な配慮が必要です。

何故なら、規模拡大が進んでいるとはいえ、20ヘクタール以上の農業経営体の割合は都府県では2割に満たず、6割は依然として5ヘクタール未満の経営体であるからです。

言い換えれば、日本の農地約440万ヘクタールの大半は中小零細農家によって維持されているのが実状です。これは、コメをはじめさまざまな野菜・果物生産の大半をこれら中小零細農家に依存しているということなのです。

どうもアベノミクスの「攻めの農業」を見ていると、5ヘクタール未満の農業はそのまま消えていっていいのだ、むしろ消えていくべきなのだ、ととらえているような気がしてなりません。とんでもないことです。

2018年の7月、西日本を中心に襲った「平成30年7月豪雨（西日本豪雨）」は、24時間、48時間、72時間の降水量が観測史上最高に達し、220名の人命が失われ、農業にも甚大な被害が生じました。9月には酪農王国北海道で胆振《いぶり》を震源とする大地震が発生し、一時的とはいえ、全道のほとんどの電源が失われるというブラックアウトの事態に至りました。さらに、2019年に入ってからも、台風15号に続く19号、および21号による大雨の被害は、千葉県はじめ、長野県、栃木県、茨城県、福島県など広く関東東北地方におよび、未だその全容がつかめません。まさに不条理としか言いようがありません。

日本の農業、ひいては、わたしたちの国そのものが、内部要因だけでなく、自然災害という外部要因によっても危機に晒《さら》されていることを痛感しました。

もはや特定の大規模農家、企業的農家が生産性を上げて生き残りさえすればよいということではありません。

「含む・含まれる」の関係から言えば、大規模農家といっても数多くある小規模零細農家があってこそ成り立ちうるのです。

❖

どこの国のどんな産業分野にでも優秀な経営者がおり、収益性や生産性の高い経営があります。しかし、それをすべてが目指すべき経営だとして無条件に一般化することは、いかにも論理の飛躍です。

農業においてもそうです。

日本の農業の場合、国土の約6割を中山間地《ちゅうさんかんち》など条件不利な農地が占めているのが実状です。そもそも平地は国土の15％にも満たず、66％は山林で覆われているのです。

このため、国民に必要な食料を供給するためには、平地の農地だけではなく、山間地の農地もできるかぎり活用しなければなりません。

とはいえ、山間地では傾斜地が多くまとまった農地が少ないため、規模拡大はおろか区画整理もままならないのが実状です。機械化しようにも農道や用水路の整備が高くつきます。急峻《きゅうしゅん》な土地をそのまま畑にすると、大雨の時に表土が流されてしまいます。

しかし、日本では先祖代々、急峻な土地を最大限利用するために棚田を作り、自然と共生してきた歴史があります。

確かに、棚田の場合は、大型機械は入らないし手間ひまがかかるため、市場経済の下では利益を上げていくのは難しいと言えます。しかし、棚田は土壌浸食を防ぐばかりでなく、洪水の調整や水源の涵養《かんよう》といった国土保全機能を果たしてくれるのです。

❖

今世紀に入って、特に気がかりなことは、地域の農業・農村の衰退ぶりと、それに伴う自然の劣化です。

少子高齢化は、農村においては都市部よりも20年も先行している動きです。日本の過疎問題は、私が学生であった1970年代にすでに指摘されていました。

かつての過疎の村が、いまや限界集落となり、いずれ消滅集落になろうとしています。

小田切徳美氏（明治大学農学部教授）は『農山村再生』（岩波ブックレット）で、中山間地では、人の空洞化（社会減少から自然現象へ）→土地の空洞化（農林地の荒廃・耕作放棄・農地改廃）→むらの空洞化（集落機能の脆弱化）という3つの空洞化が進んでおり、この延長線上に限界集落があると分析しています。

利益最大化を目標とした企業的な農業経営だけでは、農業・農村地域を維持していくことはできません。平場の生産性の高い農家や農業組織を支援するばかりでなく、家族を中心とした小規模農家や兼業農家であっても、国は地域政策として、しっかりと支えていく必要があります。

特定の大規模農家に焦点を当てた産業政策だけではなく、多様な経営主体の協業による地域づくりも目指すべき農政の方向です。その際、地域に深く根付いた社会インフラとして、ＪＡ（農協）組織を活用することも必要だと考えています。

❖

家族経営が重要であることは日本に限りません。

国連食糧農業機関（ＦＡＯ）は、２０１４年を「国際家族農業年」と定め、国際的な取り組みを行っています。

そこでは、「家族農業や小規模農業は、特に農村地域において、飢餓や貧困の撲滅、食料安全保障、栄養の提供、生活改善、天然資源管理、環境保護や持続可能な開発を達成するうえで重要な役割を担っている」と指摘しました。

家族農業は、小規模であっても地域において社会的ネットワークを形成しており、そこでの信頼に裏打ちされた相互扶助が、将来の不安に対する確かな連帯意識を醸成しているのです。

競争原理が不信社会を生み出す面があるのに対して、農業・農村の連帯が社会の効率性を改善できることを、わたしたちは再認識する必要があるでしょう。

❖

食料・農業・農村基本法（1999年制定）は、食料安全保障の考え方として、国民に良質の食料を安定的に供給するため、「国内の農業生産の増大を図ること」を基本とし、これと「輸入および備蓄とを適切に組み合わせて行われなければならない」としています。

しかし、輸入品については、これまで日本が享受《きょうじゅ》できた「安価」、「良質」、「安定」という3つのキーワードが急速に脅かされつつあります。世界の食糧市場が一段と不安定化しているためです。こうしたなか、問題は、消費国の関心が国産の食料に移っているにもかかわらず、日本農業の生産基盤そのものが弱体化していることです。

大規模で生産性の高い特定農業者に政策を絞り込む、いわゆる「攻めの農業」だけでは、個別経営の立場から正論であっても、わが国の食糧安全保障上の問題は解決できません。中山間地で行われている生業《なりわい》的農業の重要性を再評価し、農村の社会資本、自然資本、人的資本を一体的に「まるごと」有効活用を図る必要があります。

産業政策としての農業競争力の強化だけではなく、地域政策として長期的な土地改良計画をベースにした農村の振興が不可欠です。

世界に目を転じた場合、問題は食料だけではありません。

IPCC（気候変動に関する政府間パネル）は2014年の「第5次評価報告書」で、「地球温暖化の進展で穀物生産量が減少し、世界的な食糧危機を招きかねない」と農業生産への影響を強く警告しました。

近年の異常気象について、雨が降りやすい地域ではより多雨となり、乾燥地域ではより雨が降りにくくなるなど、気候が「極端化」していると指摘しています。

2015年のCOP21（気候変動枠組み条約第21回締約国会議）では、各国が自主的にCO2排出量の大幅削減に取り組む「パリ協定」に賛同しました。

地球大気の温度上昇を「危機ラインである2度未満」に抑えるためには、石油や石炭など化石燃料の消費を抑制する必要が出てきたのです。これは、もはや石油資源は、人類にとってこれ以上の消費が不可能な「座礁資産：Stranded Assets」と化したことを意味します。

IPCCの危機感は、後述するように、2019年8月8日の特別報告書でいっそう高まっています。

1970年代に新聞に連載され話題を呼んだ有吉佐和子の『複合汚染』は、農業の近代化について「工作機械と化学肥料と殺虫剤から除草剤にいたる各種農薬という三種の大がかりな併用だった」と喝破《かっぱ》しています。

問題はその結果「土が死んだ」ことだと有吉は警告していることです。

「土が死ぬ」とは、分かりやすく言えば、「ミミズのいない土」のことだと言うのです。硫安をかければ土の中のミミズは即死する。その結果、「土が堅くなってどうにもならなくなる」と当時の農家の話を紹介しています。「複合汚染」とは、石油化学によってもたらされた2種類以上の毒性物質の相互作用によって、自然が汚染されることを指しています。

あれからすでに半世紀が過ぎました。

複合汚染が世界中に累積された結果、いまや世界が食糧・エネルギー・環境の複合危機に直面しつつあります。それは20世紀を謳歌した「石油文明の終焉」をも示唆するものですが、石油文明の終わりは、石油に依存した農業の危機でもあるのです。

❖

わたしたちはどこに向かったらよいのでしょうか。

逆説的ではありますが、私は、アベノミクス「攻めの農業」とは真逆の政策に切り替えることだと考えています。

具体的には、本文で折々述べていきますが、

1つ、長期的視点に立つこと、

2つ、特定の優秀な経営体だけでなく、中小零細農業をも含め「まるごと」支援していくこと、

3つ、儲かるかどうかよりも、自然の力を最大限発揮させ、それを持続させるような農業政策を打ち出すこと、が肝心であると考えています。

農業を産業としてのみとらえ、ひたすら競争力を強化するという「攻めの農業」の発想だけでは、大規模農家と小規模農家、平地の農業と条件が不利な山間地の農業の二極化が進むだけです。

その結果、日本の農業・農村ひいては日本社会が抱えた問題を先鋭化させるばかりで、根本的な解決にはなりません。私は農業・農村が持つ多様性にその活力を求めるべきだと思っています。

畢竟《ひっきょう》、農業と産業、農村と都市は、あれかこれか対立するものではなく、産業も都市も農業・農村によって包摂されるものであると思います。

短期的にはどうあれ、長い目で見た場合には、農業・農村から切り離された産業・都市は成り立ちえないのです。

❖第一章

誰のための『農業競争力強化プログラム』なのか

日本農業の衰退が止まらない

❖低下するコメの生産額

日本農業の衰退を示すデータには事欠きません。いずれのデータでも、日本農業の弱体化が止まらないという現実が明らかとなっています。

1990年代前半まで11兆円台で推移していた農業生産額（農林水産省「生産農業所得統計」）は、その後減少傾向に転じ、2010年には最低の8・1兆円に落ち込みました。

分野別には、コメの生産額が3・8兆円（1994年）から1・5兆円へ減少する一方、畜産は2・5兆円から3・3兆円へ3割強増加しています。野菜と果実はそれぞれ2・5兆円、8450億円台でゆるやかな増加にとどまっています。

この結果、農業生産額に占めるコメの割合はかつての30％から18％まで低下し、代わって畜産が35％で最大の産出額となっています。畜産産出額の内訳（2017年）は、生乳（7402億円）、肉用牛（7312億円）、豚（6494億円）、鶏卵（5278億円）、ブ

図1　農業生産額の推移

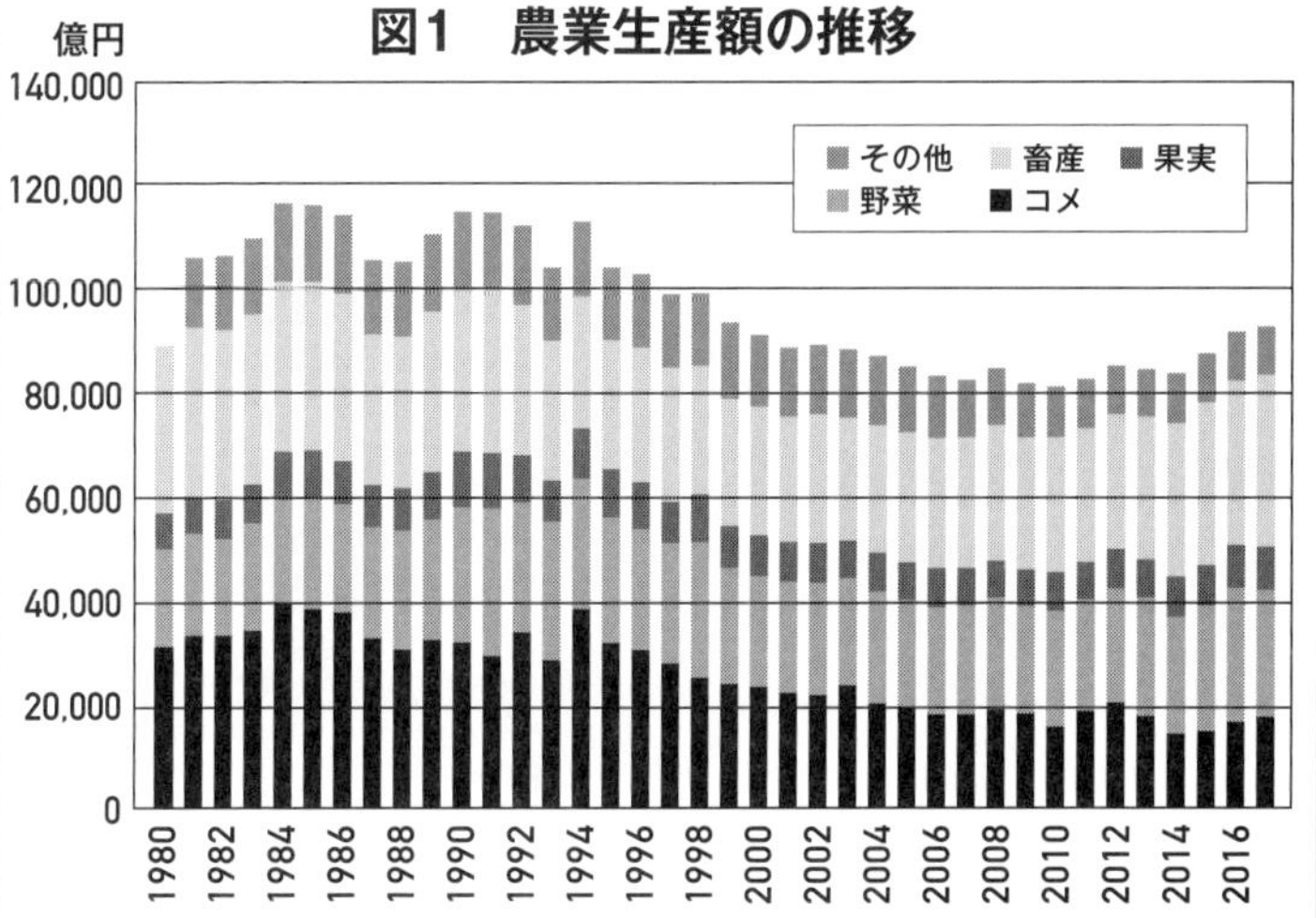

（出所）農林水産省「生産農業所得統計」

ロイラー（3578億円）です。

「攻めの農業」のためには、野菜や果物などへの期待が大きいのですが、労働集約的な園芸作物は人手不足という問題を抱えています。

2016年には9・2兆円、2017年には9・3兆円と農業生産額は、9兆円台まで回復したものの、これは主に値上がりによるものであって、生産量の増加によるものではありません（図1）。

❖平均年齢67歳。農家の廃業が進む

農業就業人口は、2011年の260万人から2016年には192万

人と、ついに200万人を割り込みました。

農業就業者とは、経営耕地面積が30アール以上、または農産物の販売額が年間50万円以上ある「販売農家」の世帯員数を指します。

農家戸数は252万戸から215万戸に15％減っています。そのうち販売農家は、163万戸から同126万戸へ23％減少しました。

生産者の平均年齢は現在67歳、稲作だと70歳を超えています。戦後、日本のコメ作りを支えてきた昭和1ケタ生まれの人々は、いまや80歳代の半ばに達し、大方がリタイアしているのです。

耕地面積は456万ヘクタールから440万ヘクタール（2019年）へ減少しました。毎年2万ヘクタール弱ずつ減っている計算です。

2010年度以降、39％で低迷していた食料自給率（カロリーベース）は、2016年度には38％に低下し、2017年度も38％となっています。2018年度はとうとう過去最低の37％になってしまいました。日本は食料の6割以上を海外に依存している状況がますます固まったのです。

この一方、5ヘクタール以上の農業経営体は10・4万戸と5年前に比べて倍増しています。しかし、政府が目標とする50歳未満の担い手数は7万人減少し、25万人となりました。

結局、これらのデータから見えてくるのは、農家の廃業が加速的に進んだ結果、一部の農家に農地が集約される姿です。問題は、耕作放棄地が42万ヘクタールと過去最大を更新していることです。

これらの数字から、日本農業の生産基盤が急速に揺らいでいることが見てとれます。

❖「農家」から「経営体」に呼び名が変わった

ところで、本書でこれからしばしば登場することになる「経営体」という言葉について触れておきましょう。これは、いかにも腹に納まらない言葉だと思いませんか。

「経営体」という言葉が初めて使われたのはもう30年近く前のことです。

1992年6月に農林水産省により立案された新農政『新しい食料・農業・農村政策の方向』のなかで、それまで使い慣れた「農家」に代わって、敢《あ》えて「経営体」と言い換えたのです。

原剛の『日本の農業』（岩波新書1994年）によると、その狙いは、「やる気と力量のある農業者に農地を集めて耕地の規模を広げ、持てる力を充分に振るってもらう」、そして「他産業並みに所得を増やし、農業経営の面白さを知り、充実した気持ちを養ってもらおう」

との考えから、「農家」という呼び方をやめて「経営体」に刷新したのだと言うのです。

やや理想に飛び過ぎた感もしますが、当時の農水省の気持ちはよく分かります。

とはいえ、農業関係者や一部の農家からは、「経営体」を強調することが、将来、一般企業の農業参入を準備するのではないか、との疑問も出されていたようです。

実際、一部の農家の嫌な予感は、アベノミクスの「攻めの農業」で一気に進められようとしているのです。

もちろん進取《しんしゅ》の気性《きしょう》に富んだ、やる気のある農家や農業組織は、もはや「農家」という言葉には馴染まず、「経営体」（個別経営体、組織経営体）として位置付けたいところではあります。

しかし、国民すべてが起業家でないように、農家がすべてそうした理想的な「経営体」でもないし、また、そのようにはなれない、のも現実なのです。

そうした現実を踏まえたうえで、必要な農業政策は何かが問われなければならないはずです。

崩れ始めた「3つの不変の数字」

❖100年不変の数字を崩した農業基本法

かつて日本農業には、明治維新以来100年間変わらぬ3つの数字がありました。農業就業人口1400万人、農家戸数550万戸、農地面積600万ヘクタールというものです。

この3つの不変の数字が一気に崩れ始める契機になったのが1961年農業基本法(1999年に制定された「食料・農業・農村基本法」の前身)の施行です。

背景には、その前年に当時の経済企画庁が「貿易・為替自由化計画」を発表し、日本政府は貿易自由化=高度経済成長への道を歩み始めたことがありました。

一方、日本農業においては、経済成長に伴い農業と工業間の生産性格差や所得格差が鮮明になっていきます。

こうしたなかで作られた農業基本法は、2つの政策目標を掲げました。

1つは、コメを基幹作物として増産することです。

そのために、価格支持の仕組みを導入するとともに、規模拡大により生産性の向上を図りました。

具体的には、農家の収入を都市住民の収入と均衡させるため、コメ生産者の生産費・所得が補償されるよう、毎年コメの価格を引き上げるという仕組みです。

2つ目は、国民所得の向上により需要の拡大が予想される畜産物については、農業生産の選択的拡大を図ることです。すなわち畜産（食肉・酪農）の振興です。

その際、畜産のための飼料穀物については、国内の農地が不足するとの見方から海外から輸入することにしたのです。

これら2つの政策目標を掲げてからの動向は、前述した数字が物語っています。

改めて、1961年以降の、3つの数字を最近の数字と比べてみましょう。

◆農業就業人口＝1400万人→168万人（2019年2月）へ8分の1に減少

◆農家戸数＝550万戸→216万戸へ60％の減少

◆農地面積＝600万ヘクタール→440万ヘクタールへ26％の減少

いずれも激減しています。しかも、この減少は現在進行形でいまも進んでいるのです。

もちろん、経済の発展に伴う農業部門の割合が低下していくことは、ペティ＝クラークの法則と呼ばれ、どの国でも見られる現象ではあります。

食料の需要が国内総生産（ＧＤＰ）の増加ほどには伸びないためです。

とはいえ、日本の場合には半世紀のあいだに農業就業人口が８分の１になるとは、余りにも早過ぎると思いませんか。

結局、１９６１年の基本法農政における政府の見立て（すなわち基幹作物としてのコメと畜産振興）はどうなったのでしょうか。

❖見通しを大きく外したコメ振興

肉類については、政府の「読み」が当たり、需要が大きく伸びました。

しかし、食生活の洋風化に伴い、コメの需要は政府の見通しが大きく外れ、１９７０年代には過剰問題を抱えるようになったのです。

ちなみに、日本人の１人当たりコメ消費量は１９６２年の年間１１８キログラムをピークに、年々減少を続け、足元では60キログラムを割り込むなど、半減しています。

消費者のコメ離れが止まらないためです。

農工間の所得格差を是正するため、政府が農家の所得を向上させる方策として、農業の規模拡大＝コスト削減ではなく、より安易な米価を引き上げるという道をとったこともコメ離れの原因と言えるでしょう。

1970年に始まった減反（生産調整）政策は、その後、方式や名称を変えながらも続けられました。そして、ようやく2013年末に政府は「減反廃止」宣言を行い、翌2014年より本格的な取り組みを始めています。

2018年にはついに行政による生産数量目標の配分が廃止され、生産者や流通業者、農協などの関係団体が中心となって、需要に見合った生産を行うようになったのです。国が示すのは需給見通しだけです。

しかし、重要なのはこれからです。日本の水田農業について、農地面積を含めどのような展望を描くのかが見えてこないからです。コメについては、改めて述べることにします。

誰のための改革か

❖TPP合意前提の13項目の改革案

このままでは、農業の衰退に歯止めがかからないと考えた政府は、2016年11月に『強化プログラム』と謳った13項目の農業改革案を策定しました。

この改革案は、政府内の産業競争力会議や規制改革会議、そして自民党の農林水産業骨太方針策定プロジェクトチームでの検討を踏まえてまとめられたものです。その前提には2015年10月のTPP（環太平洋パートナーシップ協定）大筋合意がありました。自由化に耐えられるように、日本の農業構造そのものを変えようという考えです。

改革の柱は、次頁の**表1**の13項目からなっています。

そして、これらを推進するため、8本の関連法案（**表2**）が2017年の国会に提出され、採決されています。

以下では、筆者が素直に賛成できない問題を順不同ですが、指摘していくことにします。

表1『農業競争力強化プログラム』農業改革案
① 生産者の所得向上につながる生産資材価格形成の仕組みの見直し
② 生産者が有利な条件で安定取引を行うことができる流通・加工の業界構造の確立
③ 農政新時代に必要な人材力を強化するシステムの整備
④ 戦略的輸出体制の整備
⑤ すべての加工食品への原料原産地表示の導入
⑥ チェックオフ(生産者から拠出額を徴収し、農産物の販売促進などを行うもの)導入の検討
⑦ 収入保険制度の導入
⑧ 真に必要な基盤整備を円滑に行うための土地改良制度の見直し
⑨ 農村地域における農業者の就業構造改善の仕組み
⑩ 飼料用米を推進するための取り組み
⑪ 肉用牛・酪農の生産基盤の強化
⑫ 配合飼料価格安定制度の安定運営のための施策
⑬ 牛乳・乳製品の生産・流通等の改革

❖儲かるか、儲からないかの二分法の導入

この改革の最大のテーマとなっているのが生産資材価格の引き下げです。

これを『強化プログラム』の1番目では、「生産資材価格形成の仕組みの見直し」と謳っています。ここでの「見直し」とは、生産資材価格の大幅な引き下げと、それに関連する全農(全国農業協同組合連合会)の生産資材の購入の仕方への介入です。

国内最大の「農業商社」である全農の資材(農薬、肥料、配合飼料、

表2『農業競争力強化プログラム』農業改革関連法案
① 農業競争力強化支援法（新規）
② 土地改良法（改正）
③ 農業機械化促進法（廃止）
④ 主要農産物種子法（廃止）
⑤ 農村地域工業等導入促進法（改正）
⑥ JAS（農林物資規格）法（改正）
⑦ 畜産経営安定法（改正）
⑧ 農業災害補償法（改正）

農業機械、段ボールなど）の買い方が大きく変われば、業界全体の効率化が進むという考えです。

まさに全農をターゲットにした改革となっているところに特徴があります。

ただ、私には気になる点が、少なくとも2つあります。

1つは、いかにも「工業の論理」に立った改革であることです。

一般に工業の場合、規模拡大や技術革新により生産性を上げれば上げるほど企業の収益は上がり、従業員の給料は上がります。

これに対し、農業の場合には、豊作貧乏と言って生産性が上がれば生産量が増え、農産物の価格が下がり、かえって農家の収入は減ることが多いのです。

そもそも、農業は自然の一部であり、生産性は自然の影響を大きく受けることもままあります。

第2は、農業の評価を「儲かるか、儲からないか」、「効率が良いか、悪いか」によって行っている点です。自然相手の農業はこうした二分法では評価できません。

むしろ世の中は、二分法では割り切れないことの方が多いのです。

結局、規制改革の狙いは、企業の自由な農業参入を可能にすることらしいのです。

その場合、懸念されるのは、地域農協が大企業の下請けとなり、農家が農業経営者ではなく、単なる農作業員になりはしないかという点です。

❖「やってはいけないこと」をやっている

日本農業は、家族農業や家庭菜園を含め、様々な担い手により農地の隅々まで耕されることで初めて潜在力＝自給力を発揮するものであることを忘れてはなりません。

家族農業の重要性は2014年国際家族農業年（International Year of Family Farming）でも注目されています。

また、物事の効率化を市場原理に沿って行うことも理解できますが、それはあくまでも生産物（商品）や提供されるサービスについてであると思います。

しかしながら、『強化プログラム』が規制緩和・自由化の対象としているのは、農地や水、森林などの資源に加えて、長い年月のなかで培われてきた生産流通システム（社会関係資本）など、本来市場で商品化されてはならないものまでも、含みます。

政治家には「やってはいけないことと、やらねばならないこと」があります。

しかし、安倍政権について言うと、「やってはいけないことをやり、やらねばならないことをやっていない」気がしてなりません。

1980年代にも、当時の土光敏夫経団連会長の下で規制改革が進められました（第二臨調）。当時は「経済的規制」は自由化し、「社会的規制」については、むしろ強化するというものでした。まさに「やってはいけないことと、やらねばならないこと」を明確に区別していたのです。

しかし、小泉政権あたりから、医療保険、教育、労働、郵便など「社会的規制」についても自由化の対象になってきました。

この点、経済学者の佐伯啓思《けいし》氏は、かつての小泉＝竹中構造改革を取り上げ、「構造改革とは……生産要素の徹底した市場化であった」（『大転換　脱成長市場へ』中公文庫）と指摘しています。

佐伯氏も強調するように、そもそも市場経済は、「社会の安定性」を基礎に持たなければうまく機能しません。なぜなら「安定した社会」は市場経済のインフラストラクチャー（基盤）とも言うべきものであり、「社会」という土台が安定して初めて「市場経済」がスムーズに機能するからです。

そして、この市場経済と「社会」とをつなぐものが生産要素なのです。『強化プログラム』の生産要素の市場化で、特に問題とすべきは、２０１7年4月、わずか8時間の審議しかせずに早々に採決された「種子法の廃止」でしょう。もっと慎重であるべきだったと強い憤りを覚えてなりません。

種子法廃止という暴挙

種子法廃止は、『強化プログラム』の1番目の項目「生産資材価格形成の仕組みの見直し」のなかで取り上げられているものです。

そこでは、「戦略物資である種子・種苗について……民間の品種開発意欲を阻害している」主要農産物種子法を廃止するための法整備を進める、と謳っています。

看過できないのは、対象となる農産物が稲、麦、大豆の基礎食料であることです。

❖崩壊する種子の供給体制

日本で「種子法」が制定されたのは1952年のことです。

戦後GHQ（連合国軍最高司令官総司令部）の占領下にあった日本政府が、サンフランシスコ講和条約の調印（1951年）によって独立を取り戻した翌年に、国民の食を守るために真っ先に制定した法律が種子法なのです。

図2　稲の種子生産の流れ

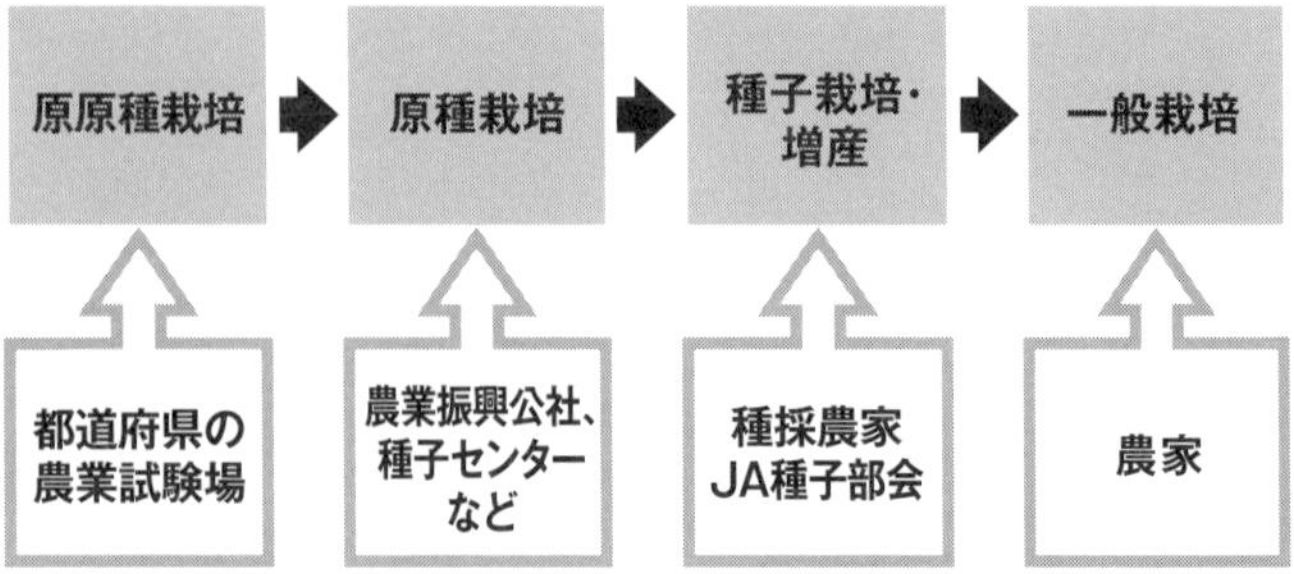

（出所）筆者作成

これまでの種子法は、稲、麦（大麦、はだか麦、小麦）、大豆の3種類の農産物に関し、これらの種子の品質を管理し、優良な種子を安定的に供給することを、すべての都道府県に義務付けてきました。

農業試験場など都道府県の公的な試験研究機関が、地域にあった原原種（遺伝子資源）や原種（原原種から選抜した採取農産物の種子）の生産・普及、種子生産圃場《ほじょう》の指定や審査などを行ってきました。国も責任をもって都道府県にそのための予算を投じてきたのです（**図2**）。

コメの場合、開発された品種は、都道府県の「奨励品種」として、種子生産（種採り）農家の水田や畑で増殖し、農家に提供されてきました。

これにより、農家は質の良い種子を安く安定的に手に入れることができました。

現在、国内では都道府県の開発した「あきたこまち」、「コシヒカリ」、「ひとめぼれ」、「つや姫」などの奨励品種が約４５０あり、多様性に富んでいます。

これらの種もみ価格は１キログラム４００~６００円程度です。

これに対し、すでに日本では民間企業が開発した品種も45種ほど出回っていますが、これらの価格は５~10倍と高い。

このため、農家の間では、「種子法廃止によって行政の財政負担がなくなると、種子の価格も５~10倍に跳ね上がる」との不安が広がっています。

例えば、三井化学アグロ社が開発したＦ１（エフワン：雑種１代）多収量品種「みつひかり」の場合、種もみの価格は１キロ４０００円です。

問題は価格上昇ばかりではありません。

むしろ懸念されるのは、今後徐々に、都道府県の試験場で品種改良を進める予算（すでに地方交付金の中から予算を工面するようになっています）が縮小され、長い年月をかけて培われてきた種子供給の体制が崩されることです。

一方、多国籍アグリバイオ企業による種子の独占が可能になる恐れがあります。同時にそれは、特定の品種が市場を独占することになり、先人たちが長い年月をかけて培ってきた種子の多様性、ひいては植物の多様性が失われることを意味します。

この改革では、この制度が民間の参入を阻害しているとの考えがあるようです。だが、政府が活力を最大限発揮させようとする民間とはいったい誰なのでしょうか。見えてくるのは、バイエルなどの多国籍アグリバイオ企業の姿です。

❖公共財の種子を売り渡すのか

世界の食糧市場では、「種子を制するものは世界の食料を制す」と言われています。懸念されるのは、「種子の世界支配」に関わることです。

現在、日本はじめアジア諸国では、種子などの「遺伝資源」については、自国の主権的権利が認められています。

農家は、生産に必要な種子については、国内の種苗会社から買うか、地元の農協から買うか、あるいは前年の作物から優れた種もみをとっておき自家採取により手に入れることができます。

そもそも種子は、その土地の風土、歴史、生態系のなかで誕生し、自然や人々によって改良され、今日に至ったものです。

それは公共財であり、誰のものでもないはずです。

しかし、近年はハイブリッド（雑種1代）種子や遺伝子組み換え（GM）作物が普及し、農家が自家採取に取り組みにくい状況になっています。

もはや種子は誰もが利用できた「公共財」から、市場で購入しなければ利用できない「商品」としての性格を強めています。

それは、知的所有権を盾《たて》にした多国籍アグリバイオ企業による「遺伝資源の囲い込み」でもあります。

この点、日本で唯一の稲の有機種子（有機栽培圃場《ほじょう》で生産された種子）生産法人の代表者である稲葉光國氏も、ある生協の主催する講演会で「種子法廃止によって行政の財政負担がなくなると、稲の種子価格は5～10倍に跳ね上がる」可能性が高い、と懸念しています。

「いったい誰のための種子法廃止なのか」、「一握りの企業のために日本の種子市場を開放してしまってもよいのか」と稲葉氏は言います。

政府は農業者や国民への十分な説明無しに競争力強化戦略を進めようとしています。

しかし、それはかえって日本の食料主権を脅かすことになりかねないこと、を肝に銘ずるべきでしょう。

コメ価格5年連続上昇の背景に何があるか

スーパーの棚を見ると、さまざまなブランド米が並んでいます。北海道の「ななつぼし」、「ゆめぴりか」、「きらら397」、青森の「つがるロマン」、岩手の「いわてっこ」、宮城の「つや姫」、秋田の「ひとめぼれ」、栃木の「なすひかり」などです。500グラム、1キロ、2キロ、4キロ、5キロ、10キロ、20キロと包装量はまちまちですが、どれもいい値段です。

農林水産省の「コメの相対取引価格・数量」によると、2015年産米の全銘柄平均価格は玄米60キログラム1万3175円（消費税込）で、前年同月から1割強上昇しました。2016年産米は同1万4307円、2017年産米は同1万5595円と3年連続で上昇。さらに、2018年産米は、1万5686円で前年比91円（1%）上昇し、2019年5月では1万5727円と高値で止まっています。

2014年からは5年連続の上昇です（**図3**）。価格にはあらゆる情報が凝縮されています。

図3　日本産コメ価格の推移

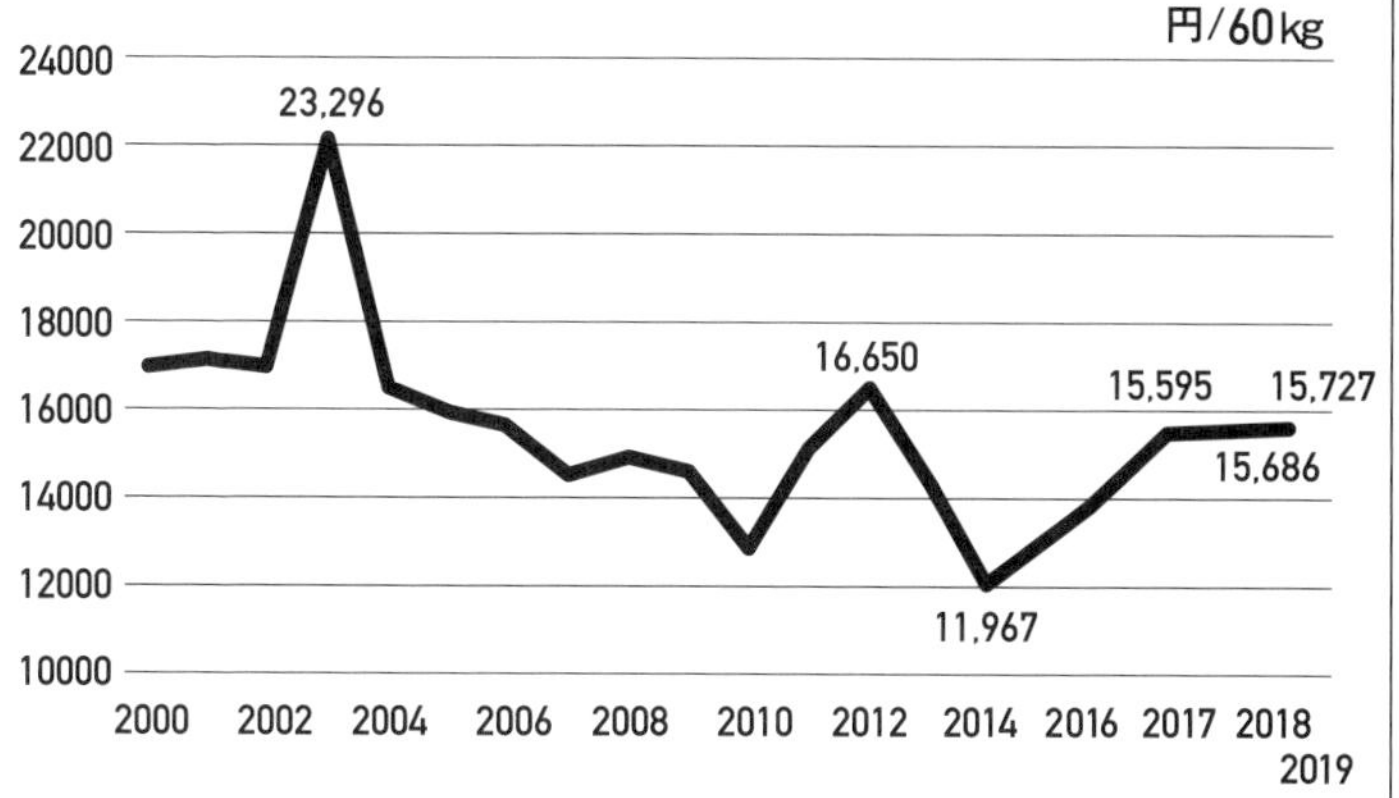

（出所）農林水産省「米穀の取引に関する報告」

コメ価格上昇の背景には何があるか。いくつかの要因が読み取れますが、まずは政策的な意図があることが分かります。

米価が上昇に転じたもう１つの要因は天候要因です。

特に、東日本では、２０１７年には、夏から秋の天候不順で稲の生育が遅れ、作柄が悪化しました。

農林水産省の調査（２０１７年産水稲の作付面積および予想収穫量）によると、10月15日時点の全国の10アール（１反）当たり予想収量は５３４キログラムで、前年比10キログラム減少となりました。

２０１７年の作況指数（予想収量／過去５年間の平均収量）は、１００と平年並みでしたが、都道府県別では差が出ています。

特に、私の住む栃木県の作況指数は93で、作柄状況が全国で唯一の「不良」となりました。確かに、栃木県では8月に曇りや雨の日が続いたことで、日照時間が大幅に減少し、モミに栄養を与えることができず、大幅な収量低下となったのです。

❖日本の気候変動とその影響

地球温暖化の影響が農業にも広がっています。

農林水産省、文部科学省、国土交通省、気象庁、環境省は２０１８年2月16日、「気候変動の観測・予測・影響評価に関する統合レポート２０１８～日本の気候変動とその影響～」を公表しました。

この報告には、国・地方の行政機関や国民が、気候変動への適応を考える際に役立つ資料として最新の知見が盛り込まれています。

将来予測では、世界の平均気温が19世紀後半以降１００年あたり０・72度の割合で上昇。21世紀末にはＩＰＣＣ（気候変動に関する政府間パネル）第5次評価報告書で用いられている最も深刻なシナリオで2・6～4・8度の上昇が見込まれています。

日本では世界より速いペースで気温が上昇しており、日最高気温30度以上の真夏日と、同

35度以上の猛暑日の日数が増えていると指摘。

さらに、農業への影響としては、気温の上昇によるコメの白未熟粒《しろみじゅくりゅう》（デンプンが十分に詰まらずに白く濁る）や胴割粒《どうわれりゅう》（高温等により亀裂が生じること）の発生割合が増加すると予想しています。

すでに全国でこのような品質の低下が確認されています。品質の高いコメの収量が増加する地域と減少する地域の隔たりも大きくなるということです。

日本の農業は気候変動にどう対応したらよいのでしょうか。

レポートでは、「農業分野の適応策」として、すでに高温登熟回避のための移植時期の繰り下げや水管理や、肥培管理の徹底を進めています。

政府は、気象予測と組み合わせ、適切な栽培管理技術の判断を行う「気象対応型栽培法」として、農家が猛暑に対して追肥増、日照不足に対しては追肥抑制・病害虫管理を行うことを期待しているのです。

温暖化に適応した新品種の開発も必要となります。

とはいえ、こうした適応策をとれる農家や農業組織が果たしてどれほどあるのでしょうか。

安倍政権の「攻めの農政」では、「農業競争力強化」の名の下に、農協が解体され「種子法」も廃止された。日本の農地の太宗《たいそう》を担う中山間地の農業・農村は高齢化・過疎化が進んでいます。

気候変動下でまず問われるべきは、何よりもそれに適応する農家の力を失わせた市場経済一辺倒の農業政策にあると思えてなりません。

❖政府の供給減誘導が米価を押し上げる

コメ価格が上昇しているより本質的な要因は、政府主導による飼料用米の増産政策があげられます。飼料用米への転作で食用米の供給が減っているのです。

そもそも農水省は、主食用米については、初めから供給不足になるよう政策誘導していいます。

同省は2014年より「減反廃止」（米生産調整の見直し）政策を本格化し、主食用米から飼料用米への転換を進めています。たとえば2016年産米については、「生産数量目標」を前年産よりも8万トン少ない、743万トンに設定。これは需要見通しの762万トンを下回るものです。

一方、飼料用米の生産数量目標は18万トンから60万トンに増やしています。2025年には努力目標として、110万トンに拡大する計画です。

飼料用米増産の駆動役となっているのは農家への助成金です。10アール当たり平均単収530キログラムをあげると8万円、最高680キログラムで10万5000円の助成金がでる設計になっています。

単収を上げると助成金が増えることから、主食用米のなかの「くず米」（通常、ふるい目幅1・7ミリ未満のコメが1％弱発生します）も増量原料として混入されるケースも多いのです。

この結果、「くず米」が品薄となり、価格が上昇し、これらを利用する中食・外食、米菓など関係業界の経営を圧迫し、ひいては消費者の家計負担も増えることになります。

米価上昇の影響は、「くず米」の価格上昇にとどまりません。

業務用米の不足感が強まれば、代わりに外食用輸入米の需要が増加します。

それが輸入商社と卸売業者による輸入米の入札価格（SBS：売買同時入札でアメリカ産米中粒種を中心に、約10万トンの枠がある）を押し上げることになります。

実際、2017年9月の政府の卸業者への売り渡し価格は、トン当たり約20万5000円と、前回の入札から5割近く上昇しました。

なお、農水省によれば、2017年の水稲の作付面積は146・5万ヘクタールとなり、前年比1・3万ヘクタール減少しました。このうち、主食用米の作付面積は137万ヘクタールで同1・1万ヘクタール減少する見通しです。

長期的に見ても、日本では毎年1・1万ヘクタールずつ水田面積が減少しているところに問題があります。

博報堂生活総合研究所は、その未来年表で、「日本のコメ消費量は2050年には350万トンになり、水田面積は50万ヘクタールを残すのみ」と予測しています。

もし予測通りの事態になったら、日本の農業ばかりか、国土保全そのものが崩壊しかねません。

確かに、コメの消費量が減少していけば、この先、水田の面積も減少せざるを得ません。それでも農地として維持しようとすれば、水田の畑地化も進むと思われます。

しかし、水田と畑とでは、根本的に違います。

水利技術の面で異なるばかりでなく、水を通した社会的紐帯《ちゅうたい》、ひいては文化面でも異なることをここでは指摘しておきたいと思います。

2018年コメ政策の大転換

2018年はコメ政策が大きく見直される年となりました。行政による都道府県別の生産数量目標の配分が廃止され、それに伴いコメの直接支払金（10アール当たり1・5万円）も廃止されました。

今後、コメの生産は、国が策定する需給見通しを踏まえつつ、生産者や集荷業者・団体が中心となって需要に見合った生産を行うかたちとなったのです。

2018年は、新たなコメ政策の初年度として、作付けが自由化されたことで、大幅な生産過剰に陥《おちい》らないか生産者の対応に注目が集まりました。

しかし、蓋を開けてみれば、そうした心配は杞憂《きゆう》に終わりました。

2017年の主食用米の作付面積は138・6万ヘクタールで、前年から1・6万ヘクタール増えました。

しかも、北海道で6～7月中旬にかけて低温・日照不足の影響もあり、全国の作況指数が98に下がったことで、生産量は732万トンで前年比2・1万トン（0・3％）の増加にとどまりました。

この結果、大幅な需給緩和とならず、価格下落は避けられたのです。

主食用米の作付動向を都道府県別に見ると、前年に比べ1000ヘクタール以上増えているのは、青森、岩手、宮城、秋田、福島、栃木の6県です。おおむね東日本で増加し、西日本で減少しました。

❖20年間で消費量は25%減った

こうしたなか、農林水産省・食糧部会は2018～19年以降の主食用米の需要見通しの算出方法を見直しています。

従来は、1996～97年から直近までの需要実績トレンド（需要実績による回帰式）から算出してきましたが、需要実績の減少幅との差が大きくなってきました。

2010年以降の日本の人口が減少局面に入ったにもかかわらず、算定式には2009年までの人口増加局面の実績が含まれているため、需要見通しが実績により上振れするようになったためです。

この対応として、農林水産省は、需要実績の構成要素である1人当たり消費量と人口を切り離し、1996〜97年から直近までの1人当たり消費量（58・3キロ）に人口（1億2635・1万人）を乗じて算出する方式に変えることにしました。

この結果、2018〜19年の主食用米の需要見通しは、従来方式より5万トン少ない736万トンとなり、さらにここから価格上昇による需要への影響として1万トンを差し引き、需要予測量を735万トンとしました。

同様に、2019〜20年の需要見通しを726万トン（1人当たり消費量57・7キロ×人口1億2594・6万人）と算出しています。人口の減少もさることながら、1人当たりコメの消費量はこの20年余りで25％も減ったことになります。

ところで、日本のコメの需要は主食用米ばかりではありません。

加工用米、新規需要米（飼料用米、稲発酵粗飼料（WCS：ホールクロップサイレージ）、輸出などの新市場開拓米）に加えて備蓄米向け需要があります。

前述した、作付け自由化に伴い、面積が拡大した東日本6県の大半は、備蓄米および飼料用米からの転換が占めています。

また、備蓄米についても農林水産省は、2018年産に向けた「備蓄米」の運用改善を行っています。

もともと備蓄米は、不作により供給が減少する事態に備えて蓄えておくコメです。

従来は年間20万トンをＪＡや農業法人から入札で買い入れ、５年間保有する（従って、備蓄米の保管量は約１００万トン）ものです。

これは回転備蓄といって、備蓄後５年が経過すると毎年20万トンずつ飼料メーカーにエサとして売却されます。

今回の運用改善は、年間20万トンであった備蓄米の買い入れ上限を20万９１４０トンに拡大したものです。

この、９１４０トンという中途半端な数字は、２０１８年末に発効したＴＰＰ（環太平洋パートナーシップ協定）で、日本がオーストラリア産米に与えた輸入枠に相当するものです。

これは、豪州産米の輸入が増える分、国産米を政府が買えば需給が引き締まり、コメの価格を高値で維持できるという算段によるものです。

しかし、こうした人為的なその場しのぎの政策は、却って消費者のコメ離れを加速させかねません。

いずれにせよ、コメの需要が減り続けるなか、新たな主食用米の需要算定方式は、際限の無い縮小スパイラルに陥る可能性が強いのです。

この一方、主食用米の値下がりを避けつつ、水田の面積（２０１８年現在２４１万ヘクタール）をできるだけ維持しようとするならば、飼料用米や備蓄米の生産増で調整することになります。

しかし、近い将来、飼料用米の助成（財務省などが反対していると聞きます）が見直されることになれば、再び主食用米の生産が増えることで主食用米の需給バランスを崩し、コメ価格の暴落を招く恐れがあります。

すでに2018年産米の生産で、飼料用米や備蓄米の作付けが減少したということは、いずれ飼料用米に対する助成が見直されるかも知れない、との農家の不安が浮き彫りにされたものです。現行のコメ政策の限界を示すものと言えるでしょう。

❖品薄状態の業務用米

これに対しJA全中（全国農業協同組合中央会）は、需要に応じた生産を徹底し、水田フル活用を推進するため、全国段階の生産者―流通業者―実業者団体などからなる全国組織をつくっています。

しかしコメの消費量が毎年約8万トンずつ減少しているなかで、需給均衡を達成することは容易ではありません。

なかでも問題は、コメ価格上昇の要因が、政府主導による飼料用米の増産政策にあることです。

繰り返しになりますが、そもそも農林水産省は、主食用米については、初めから供給不足になるよう政策誘導しています。

これに伴い、中食・外食などが利用する業務用米が品薄となり、輸入米が急増するといった事態が生じています。

もっとも私は、飼料用米の生産に反対しているわけではありません。飼料用米の増産に異論はありません。

コメの過剰が需要の減少という形で定着するなかで、水田という生産装置を維持しつつ潜在的生産力を保持するためには、飼料作物なりなんなり、面積を消化できる作物を入れていかざるを得ないためです。

最大の論点はコメ政策の目標をどこに置くのかになるでしょう。

「食料・農業・農村基本計画」では、「強い農業」と「美しく活力ある農村」の創出に向けて、「農業の持続的な発展」といった施策のなかにコメ政策が置かれているものの、いかにも曖昧《あいまい》です。

水田のフル活用により食料の供給力を保持することが、国土保全にもつながることを、はっきりと基本計画に位置付ける必要があると考えます。

２０１６年度食料・農業・農村白書。語られていないものは何か

❖違和感を覚える「攻めの白書」

政府は２０１７年5月23日、「２０１６年度食料・農業・農村白書」を閣議決定しました。白書では、冒頭の２つの特集のなかで、「日本農業をもっと強く」と題し、２０１６年11月に政府・与党が策定した『強化プログラム』の解説と、「変貌するわが国農業」として、『２０１５年農林業センサス』による経営構造分析を取り上げています。

一読して受けた印象は、前回の白書との明らかなトーンの違いです。

前回２０１６年の白書では、特集欄で「ＴＰＰ（環太平洋パートナーシップ協定）交渉の合意および関連政策」についての解説がありました。

さらに、続く本章では、「食料の安定供給の確保に向けた取組」として、「食料自給力の動向」が重点テーマとなっていました。

２０１６年が「守りの白書」とすれば、２０１７年は「攻めの白書」と言えるでしょう。

戦後の一時期、日本の総理大臣を務めた石橋湛山（1884〜1973）は『湛山回想』（岩波文庫）で「子供に向かって、その自信を失わせるような言《げん》を吐いてはならぬとは、教育上の一つの戒めである」と書き留めています。

確かに、あまり批判ばかりをしたくありませんが、指摘すべき点は指摘しなければなりません。

❖白書で無視された家族経営の重要性

この2017年の白書は、農林水産省官僚ではなく、経済産業省の官僚が執筆したような印象すら受けます。

特に、「農業所得の向上」を目指して、「良質かつ低廉な農業資材の供給」により資材コストを引き下げ、「農産物流通の合理化」により流通コストを引き下げるとしている点です。この文脈は、併せて閣議決定された「骨太の方針2017」の「攻めの農林水産業の展開」と連動しています。

また、白書では「激動するわが国農業」という特集を設けています。

これは、政府にとっては、農業の「法人化」を加速させることによって、「日本の農業をもっ

図4　農業経営の内訳(2015年農林業センサス)

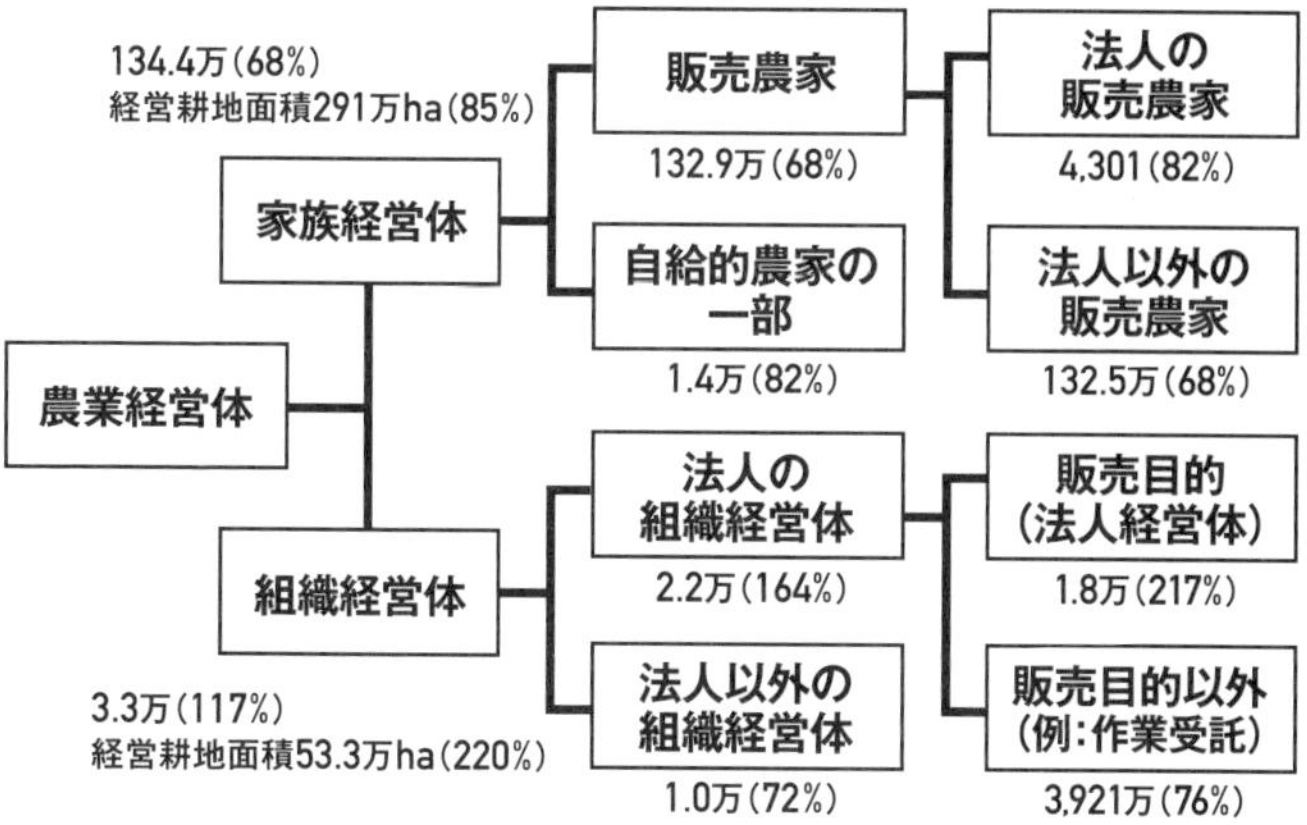

(出所)2017年度『食料・農業・農村白書』　(　)内は%は2005年比

と強く」するという論調にもってゆくためにも不可欠な前提となる特集です。

確かに、日本の農業はこの10年間で激変しました。

戦後農業を支えてきた昭和1ケタ世代のリタイアが進む一方、新たな担い手が育っているとの指摘です。その実態はどうでしょうか。

2015年時点の農家経営体数137万7000のうち、家族経営体は134万4000で2005年から32%減少しました。

一方、組織経営体は3万2000で17%増加しています。なかでも販売目的の法人経営は1万8000で2倍強となっています(**図4**)。

法人経営が若い農業者の受け皿になっていることも分かりました。

経営面積では340万ヘクタールのうちの53万ヘクタール、16％を法人が占めています。『強化プログラム』も法人経営に焦点を当て、法人化の流れを加速させる狙いがあるとみられます。

とはいえ、全農業経営体138万弱のうちの法人経営体は2万強で、その比率は2％に満たないのが現実です。

優良農地だけでなく、日本の国土全体を考えた場合、かえって地方・津々浦々に分散する家族経営の存在の重要性が分かります。

しかし、こうした点については白書で語られていないばかりか、法人化・大規模化を阻むやっかいな存在として位置付けられているように思えてなりません。

❖法人経営だけで日本の食料は守れない

思い出されるのは、私が学生時代に聞いた「兼業農家雑草論」という議論です。当時の京都大学の中島千尋《ちひろ》教授が唱えられていたものです。そのロジックは次のようなものです。「作物を育てようと思えば雑草を駆除しなければいけない。中核農家という作物を育てようとすれば、雑草である兼業農家を駆除しなければ作物は育たない」と。

この議論は畢竟《ひっきょう》、日本の農業を論じる際に、明治時代から現在まで続いている「大農論」対「小農論」の議論に行き着きます。

古くて新しい、新しくて古い議論です。

特に日本の農業の場合、条件不利な中山間地に限らず、「分散錯圃《ぶんさんさくほ》」といって耕地の分散が規模拡大のネックとなる。耕地が分散したまま、規模拡大をしても、規模拡大のメリットが分散によるデメリットで相殺されてしまうのです。

そこでこうした「雑草論」が登場するのです。

この大農・小農論については、改めて述べることにし、話を進めます。

ここで私が、繰り返し強調したいのは、農業の法人化という新たな動きが進んでいるとはいえ、依然として圧倒的多数を占めるのは経営面積10ヘクタール未満の家族経営であるという現実です。

農地面積の減少や平均単収の伸び悩み等により、食料の潜在生産能力を示す食料自給力指標が低下傾向で推移するなか、法人経営だけでは日本の食料は守れません。

こうしたなかで策定された『強化プログラム』には、誰のための改革なのか疑問点が多いのです。

図5　農業経営の定義

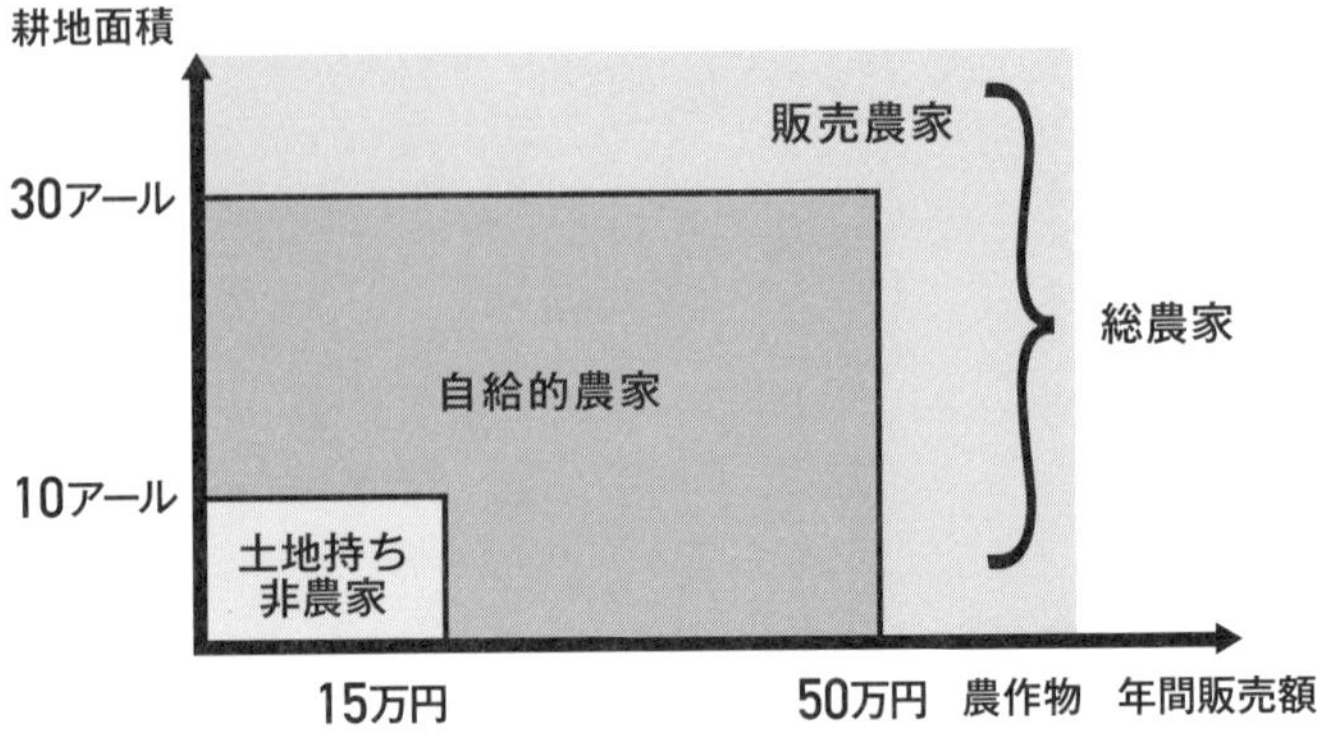

農業経営体と認定農家

❖25万の「担い手」＝認定農家

ところで、改めて「農業経営体」とは何でしょう。

農業経営体という言葉が使われ出したのは1993年と前に書きました。

一方、馴染みの深い農家という呼び方はいまも使われています。

どうも政府・農林水産省は、昔から農家を、「将来を担う農家」と「そうでない農家」を色分けしたいらしいということではないでしょうか。

しかし、外から見ると非常に分かりにくい。

農業経営の定義を図5に示しました。

すでに述べましたが、「販売農家」というのは、耕地面積が30アール以上、もしくは農産物の販売額が年間50万円以上の農家とされています。

30アール未満、もしくは50万円未満であれば「自給的農家」、さらに10アール未満、15万円未満の農家は、いわゆる「土地持ち非農家」とされます。

なお、「認定農業者」というのは、やはり１９９３年に導入された制度で、農業者が農業経営基盤強化促進法に基づき、農業経営改善計画を作成し、５年後の経営改善目標を記したものを市町村が認定した農家のことです。

いわば、日本農業の将来を担っていく農業者という位置付けで、「担い手」とも言われます。

２０１６年時点で全国に約25万人（うち法人は2万強）を数えます。

認定されると、経営改善のための長期低利融資や各種補助金など、様々な支援を受けることができます。

アベノミクスの「攻めの農業」では、担い手への農地集積を２０２３年度までに8割にするという目標を掲げています。

確かに、農地面積に占める担い手の利用面積は、２００１年の27％から２０１６年には52％、２０１７年55％へと半分強を占めるようになりました。

❖足踏み状態の農地の集積

しかし、その後の伸びは鈍いと言わざるを得ません。

認定農業者数は2016年3月末で全国約25万経営体ですが、ほぼ横ばいで推移しており、全体の農地面積が減少するなかで、担い手の利用比率が上昇しているのが実状のようです。

農地の集積が足踏み状態にあるのは、対象が平地など条件の良いところから中山間地など条件の不利な地域におよんでいるためとみられます。

農林水産省によると、2017年度末の時点での地域別にみた担い手への農地集積率は、北海道で90・6％と高いものの、中山間地が多く農地面積の小さい中国・四国は37・4％、近畿30・1％と低いことが分かります。

比較的に平地が多く農地面積も大きい関東も34・4％、東海35・2％と集積率は低い状態にあります。東北は54・6％、九州沖縄は45・7％となっています。

集積率の低い地域では、離農する農家は増えても、それを引き受ける担い手農家は少ないのです。

このため自給的農家を含む小規模農家が依然として多く、大規模経営体と小規模農家の二極分化や「土地持ち非農家」も増えているのです。

こうした状況下で、今後80％の農地を担い手に集中していくことが果たして可能なのでしょうか。

規模を拡大し大型機械化による労働生産性の向上を目指す方向での農業構造改善はいまや限界に近づいたとも言えるでしょう。

今後、農政は視点を変え、中山間地域の自然に見合った小規模農家による「複合経営」を支援すべきではないでしょうか。

条件不利な地域においては、いたずらに経営規模を拡大し労働を粗放化するよりも、経営を内向きにして、稲作を核に畑作、果樹、畜産など複合化する。そこに新技術を導入することで地域の農業・農村ひいては国土保全を目指すことです。

いわば「伝統にもとづく農業改革」の推進です。この点については、後ほど詳しく述べてみたいと思います。

誰のための改革か──生産資材の引き下げ

❖束にして出された8つの重要法案

政府が2016年11月に策定した『強化プログラム』の13項目と、これら改革を実効性のあるものとするための関連する8法案についてはすでに触れました。

この8本の法案は、いずれも、国民に周知し、充分に議論を尽くさなければならない重要な法案であるにもかかわらず、すべてを束にして提出したところにアベノミクス「攻めの農業」の胡散臭《うさんくさ》さがあります。

このうちの農業競争力強化法は、「生産資材価格の引き下げと農産物の流通・加工の構造改革」が狙いです。

これに関して、政府が取り上げている問題意識および課題は次の3点です。

①コメの10アール当たり生産費に占める肥料費、農業薬剤費、農機具費の合計額の割合が3割〜4割に達しており、農業所得の向上に向けては生産資材価格の引き下げが不可欠。

②しかしながら、生産資材業界は、規制が最新の科学的知見を踏まえた合理的なものとなっていないメーカーや銘柄が多い。寡占により適正な競争が行われていないなどから、生産コストが高い構造になっている。

③また、生産資材の購入に際して、価格や品質等の情報が不足しており、農業者が自身にとって有利となる購入先を選択することが困難な状態にある。

念のため、白書の説明により生産資材の業界について簡単に触れておきましょう。

◆農薬

2014年度時点で169メーカーが、原体で約6万トン、製剤で22万トンを国内生産している（輸出は原体で3万トン、製剤で1・5万トン）。

世界では科学の進歩に合わせ農薬の安全性の新たな評価方法が導入されていますが、日本の農薬登録制度では一部見直しが遅れるなど、安全で質の高い農薬を速やかに供給する仕組みの整備が遅れている、と指摘しています。

◆農業機械

農業機械の2015年度の国内出荷額は約2800億円、輸出額約2500億円です。

国内大手4社（クボタ、ヤンマー、井関農機、三菱マヒンドラ農機）による寡占状態（販売シェア8割、主要3機種の販売シェアは97％）にあります。

競争力が欠如していることでコスト高につながっているという認識です。輸入も大手4社で系列化して独占しています。

◆肥料

肥料は、2012年度の国内生産量約300万トン、輸出量約70万トンです。

小規模なメーカーが93％を占め業界構造は乱立し、工場が各地に点在するなど供給過剰構造にあります。

主要な業者の1銘柄当たり生産量も韓国メーカーの約20分の1以下と小さく、これらがコスト高につながっている、との指摘です。

◆配合飼料

2014年度の国内製造量2300万トンで輸出はほとんどありません。

メーカーが乱立し、工場が各地に点在する点で、肥料業界と似ています。

工場の操業率が韓国メーカーの半分以下と低く、また1銘柄当たり生産量も韓国の約3

分の1と小さく、これらがコスト高になっている、との指摘です。

❖誰のための競争力強化なのか

これら政府の指摘は業界構造の説明としては理解できるものの、それを指摘されても農業者の努力では解決できない問題でもあります。

農業所得を上げるために、農業者が自ら取り組むことのできるのは「規模拡大」であり、農業資材価格の引き下げは、農業者には手の施しようがありません。

そこで小規模零細な農家を代表してＪＡ農協が、バイイングパワーを発揮する形でメーカーとの値下げ交渉に当たる、というのが現在の構造ではなかったのでしょうか。

しかし、政府・規制改革会議の問題意識は、直接農業の構造改革へと議論を進めるのではなく、いつの間にかＪＡ農協（農業協同組合）の問題として、農協に自己改革を迫る方向へと問題がすり替わってきます。

この農協問題については後章で改めて取り上げることにします。

結局、ここでも私が問いたいのは「誰のための競争力強化か」という点です。

農業者のうちの農業法人のためという狙いは見えてくるにしても、農業資材関連メーカーではなさそうだし、ＪＡ農協でもない。

そうなると、むしろ手付かずの日本の農業市場を、日本の非農業企業および外資系アグリビジネスに開放するといった見方すらできるのです。

そういえば、アベノミクスの構造改革の究極の目的は、「世界で一番企業が活動しやすい国にする」ことでした。そして、ここで言う企業とは、経済界や外資系企業に他なりません。

ＩＣＴ（情報通信技術）農業で生産性向上が可能か

❖産業革命と勤勉革命

日本の農業をもっと強くするためには、政府がしばしば指摘するように、まずは農業生産性を引き上げることが不可欠です。

これまで農業における生産性の向上は、労働生産性の向上と土地生産性の向上と、2つの方向から追求されてきました。

農業分野での技術進歩も、大きく2つの方向から進められています。

1つは、投下労働力当たりの生産量の増大を目指す技術や設備の導入です。主に農業の機械化、装置化で、労働節約型の技術進歩と言えます。

M（Mechanical）技術の追求と言われます（**図6**）

アメリカやヨーロッパなど、耕地が広く降水量も少なく、人口密度も低い地域では、もっぱら省力化の方向で機械化が導入されてきました。これが産業革命（Industrial Revolution）

図6　農業生産性向上の3つの方向

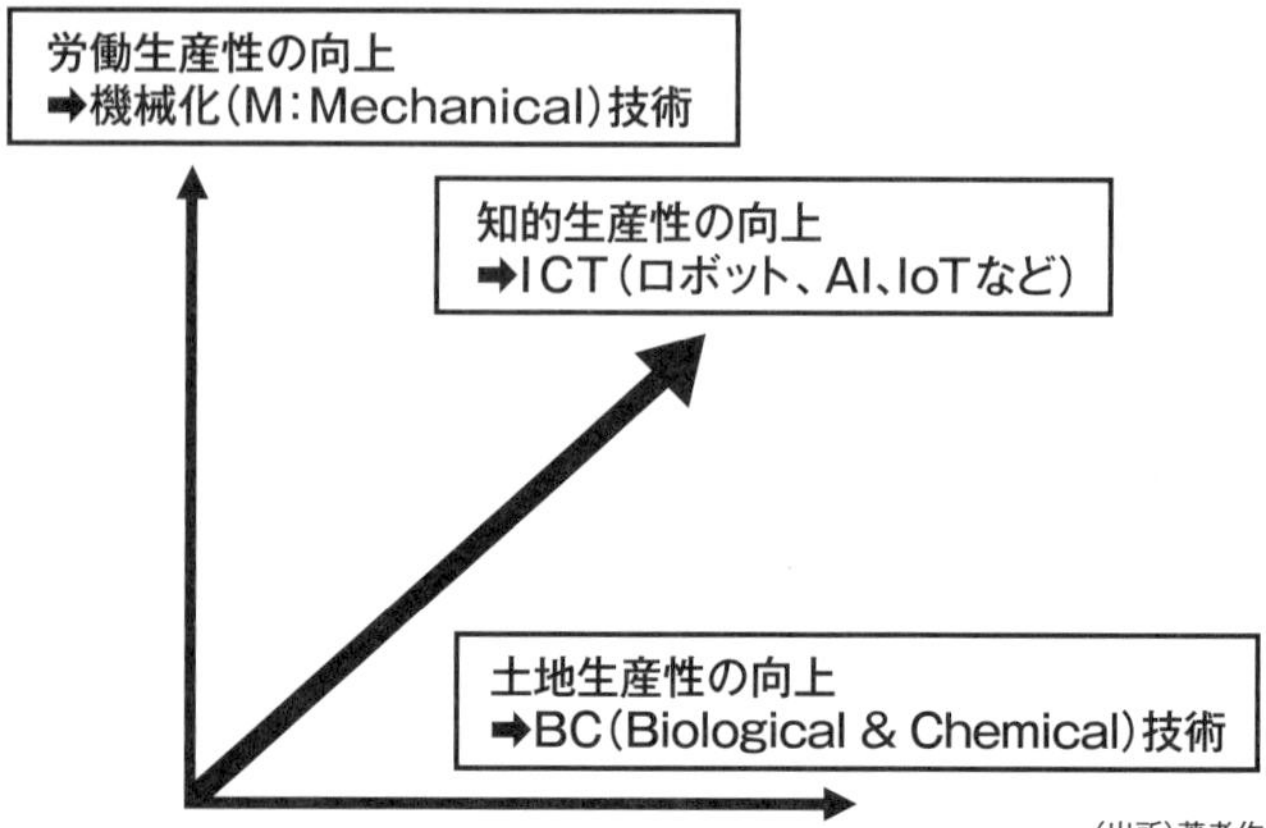

（出所）著者作成

につながったのです。

もう1つは、単位面積当たりの収量を増やす方向での技術革新であり、農薬・肥料の投入であり、GM（遺伝子組み換え）種子の導入です。

土地節約型の技術革新はBC（Biological & Chemical）技術の追求と言われます。

ちなみに、日本やアジアのように、降水量に恵まれ雑草が多く、農地が狭く農村人口が多い稲作農業の国々では、伝統的にできるだけ労働力を投入し雑草を排除することで土地生産性を上げてきました。いわゆる勤勉革命（Industrious Revolution）です。

ところで、最近注目されるようになった農業のICT（情報通信技術）の活用はM

技術やＢＣ技術とどのように区分したらよいでしょうか。

❖ＩＣＴは知的生産の向上につながる

最近は日本でも農業へのＩＣＴ（Information and Communication Technology：情報通信技術）投入が注目されるようになっています。

２０１６年白書でも第２章の「強い農業の創造に向けた取組」として、画期的なＡＩ（人工知能）、ＩｏＴ（モノのインターネット）、ロボット技術の活用による生産性向上が取り上げられています。

農業分野におけるＡＩ技術は、発展段階にあるとしながらも、「人工知能未来農業創造プロジェクト」を実施し、民間のアイデアを活用したＡＩ技術の研究などを推進すると言っています。

ＡＩがリアルタイムで家畜の異常を察知し、口蹄疫《こうていえき》や豚コレラなど伝染性疾病に感染した家畜を早期に発見する技術の開発などです。

農業分野でのＩｏＴ技術に関しては、すでにセンサーにより収集した水田の水位や水温等の情報をタブレット端末で把握できるシステムが、実用化しています。

また、蓄積されたビッグデータの共有などを可能にする農作業の名称などの標準化について、ガイドラインを作成するとしています。

ロボット技術については、GPS（全地球測位システム）などを活用したトラクターの自動走行システムや運搬作業における農業者の身体の負担を軽減する農業用アシストスーツなどで、実用化が始まっています。

ところで、こうした農業分野におけるICT技術の導入は、先の生産性向上の2方向という見方からは、どのように考えたらよいのでしょうか。

まだ導入段階で判断するのは時期尚早とは思いますが、私は労働生産性や土地生産性の向上というよりも、むしろ知的生産性の向上に結び付くものと考えたいところです。

とはいえ、ICT導入のコスト、フルに活用できる人材、蓄積されたビッグデータの帰属先など、これから新たに生じ解決しなければならない問題・課題も多そうです。

ICTに関しては、日本の農業の将来展望のところで、スマート農業に対する評価として改めて述べたいと思います。

食料自給率38％から37％への低下の意味

❖ティッピング・ポイントにきた食料自給率

ティッピング・ポイント（tipping point）という言葉があります。「大きな転換点」あるいは「臨界点」といった意味です。

変化は静かに進み、このティッピング・ポイントを超えた時点で一気に顕在化するのです。良い方向への転換であればよいが、私には、そうは思えません。

世の中のあらゆる所で、「不安定」といった言葉では言い表し切れない「危機要因」が続出し、「負の連鎖」が起きているような気がしてなりません。

それらの危機要因が、思いもつかない些細《ささい》なところで顕在化し、やがて取り返しのつかない事態をもたらすことになるのです。

ティッピング・ポイントは、すでに身近なところにも現れています。日本の食料自給率の低下です。

繰り返しますが、2016年度の食料自給率は、カロリーベースで38％となり、6年間続いた39％を下回りました。2017年度も38％、2018年度はついに37％に低下しています。

食料自給率とは、国内で消費される食料のうち、国内で生産されたものの割合を指します。もともと自給率が高く、国内供給熱量の5割以上を占めるコメの消費量が長期低落傾向にあるなか、天候不順によってテンサイなど砂糖類の国内生産が落ち込み、自給率の低い小麦の消費量が拡大したことが自給率低下の要因と、農林水産省は説明しています。

しかし、この傾向は構造的なものであり、今後、食料自給率はさらに低下していく可能性が出てきました（政府の目標とする食料自給率は45％）。

❖はらむ構造的な問題

2018年度の37％は、統計を取ってから最低であった1993年と同じ史上ワーストの低水準です。

1993年は、冷夏と長雨により東北地方を中心にコメの作況指数（平年作＝100）が74にまで落ち込み、戦後最悪の記録的凶作となった年です。

作況指数とは、平年作を100としたもので、当時は1000万トン前後の生産量があったことから、同指数1ポイントの変化は、コメ10万トンの増減に相当しました。

1993年のコメの国内消費量1047万トンに対し、生産量は783万トンで、政府の備蓄在庫も23万トンしかなかったため、約200万トンの供給不足が発生し、「平成のコメ騒動」といった深刻な事態が生じました。

政府は、急きょタイや中国などから約260万トンの緊急輸入措置を講じ、商社などに要請しました。

その結果、食料自給率が37％に低下したのです。

当時の自給率低下が「冷夏・長雨による大凶作」という明確な理由があったのに対し、今回の低下は、天候要因よりもむしろ構造的な問題によるものと言えます。

農水省の統計（「米をめぐる関係資料」）によると、日本のコメ需要量は、消費者のコメ離れや人口減少・高齢化も加わり、ピークであった1963年の1341万トンから、2015年には860万トンと約4割減少しました。

これに伴い、国内のコメ生産量も1968年の1445万トンから2015年には860万トンへと減少。これには飼料用米も含まれたため、主食用米の生産量としては800万トンを割り込んでいます。

ちなみに、政府は2016年産米の「生産数量目標」を743万トンとしています。私が危惧しているのはまさにこの点です。

というのも、日本の水田面積は約240万ヘクタールありますが、コメの消費減少に伴い生産調整がなされてきた結果、現在では実際にコメが作られている面積は飼料用米を含めて140万ヘクタールほどです。

差し引き100万ヘクタールには大豆や麦などの転作作物が作られている計算です。

しかし、最も生産性の高い水田が水田としてフル活用されていない状態というのは、水の管理や土壌保全、稲作技術の劣化などの面で農業の生産基盤そのものを弱体化させ、食料自給力を低下させることになりやしないか心配です。

水田は一枚一枚が水で繋がっています。

水で繋がるとは、「水の技術」によって繋がっているということです。1つの水田の排水口が、次の水田の取水口になって、効率よく水が行き渡るよう工夫されています。

立正大学名誉教授で自然環境保全審議会委員を務めた富山和子氏は、『日本の米』（中公新書）のなかで、日本農業が培ってきた「水の技術」をこんな風に表現しています。

「日本の水田は、水利用の技術が進むにつれて、低湿地から一段と高いところへ、場所を移していく。年中水につかり、洪水にも流されやすいじめじめしたところよりも、必要なときに水を引き、不要になれば排水できる乾田のほうが、生産性がはるかに高いからだ」

「日本の米作りの技術とは、まさにこの用排水の技術こそが基本のテーマであり、それは現代の土地改良事業に至るまでつづいている」

「水の存在を保障するのは土壌であり、その土壌は日本では今日まで、人間の労働の産物であった」

「水を通して人と人とが結ばれ、水を通して人と大地とがしっかりと結ばれる社会」が日本の農村であり、日本そのものなのです。


富山氏は、日本の場合、特筆すべきは、道路や城壁や墓のような「点」や「線」の事業ではなく、大地にべっとりとはりついた「面」の事業であると強調します。それも国全体にまたがる事業であり、また、ピラミッドのように一度作ればすむ構築物ではなく、常に継続される事業であり、3000年後の今日、なお継続され続けている「水の事業」であるということなのです。

しかし、いま令和の時代に入って、コメ作りの減少＝水田面積の縮小により、そうした「水の事業」が途絶える恐れが出てきたのです。

「まるごと」と「全体」

❖農業・農村社会は社会的共通資本

日本の農業を考える場合、「まるごと」ということが重要です。

思想家の鶴見俊輔氏（姉は社会学者で南方熊楠《みなかたくまぐす》の研究でも知られる鶴見和子氏です）によれば、「まるごと（Whole）」と「全体（Total）」とは異なります。

「全体」はあくまでも均質集合としての意味で、その構成要素間の相互関連性は薄い。これに対し、「まるごと」は、その構成要素が相互に結びついて、人間の手・足・指・頭・目などがそれぞれ有機的に働くイメージです。

農村（地域社会）では、これまで農地、水、水源林、農業者、地域住民といった構成要素が、「全体」としてではなく「まるごと」として有機的に働いてきました。

それを維持・保全してきた最大要素が水田農業、すなわちコメ作りです。

2014年に亡くなられた経済学者の宇沢弘文先生が熱く語られたように、水田農業をベースとした農業・農村社会は、土地をはじめ大気、水、森林、河川海洋などの自然資本と同様に、社会的共通資本（Social Overhead Capital）としてとらえるべきなのです。

宇沢先生によれば、社会的共通資本には、道路、上下水道、公共的な交通機関、電力、通信施設、司法、教育、医療などの文化的制度や金融・財政制度なども含みます。

同時に、地域に張り付き零細な農家にも目を配った土地改良区や農協組織であることを忘れてはなりません。

土地改良区については、あとで農地制度のところで詳しく述べることにしますが、ひとことで言えば、「大河川を対象に農業水利施設などの整備・管理を行うことで、地元の農業者を中心に農地の保全を行っている」のが土地改良区です。これに対し、末端の田畑に対して水利管理を行っているのが水利組合です。

しかし、いまこの土地改良区が存亡の危機に直面しています。

❖国土保全の機能が「まるごと」失われる

農林水産省が2015年8月に策定した「土地改良長期計画」によれば、これまで全国に張りめぐらされた農業水利施設は約40万キロメートルにおよびます。

全農地面積４４０万ヘクタールの３分の2に当たる約３００万ヘクタールの農地に対して安定的にかんがい用水を供給しています。

しかし、コメの生産量が８００万トンを割り込んでいくなかで、土地改良区の数は、合併などにより減少傾向にあります。１９８５年に1万１８６地区を数えた土地改良区は、２０１７年では４７９５地区へこの30年強で半減しています。

大規模で生産性の高い特定の農業者（担い手および法人）に農地を集中させようという政策です。

これに伴い、農業就業者の数が減少し、農業水利施設の維持管理が難しくなっているのです。

政策の対象を「担い手」に絞り込んでいこうとする「攻めの農業」だけでは、たとえ個別経営の立場からは正論であっても日本の農業を維持していくことはできません。

なぜなら、食料生産力（食料自給力）はもとより、国土を「まるごと」保全していく機能が決定的に失われてしまうことにもなりかねないからです。

政府はそろそろ国土保全のためにも、最低限必要な農地（筆者はそれを４００万ヘクタールとみています）を示すべきではないでしょうか。

図7　収量（10a当たり生産量）の順位による
コメの累積生産量のイメージ

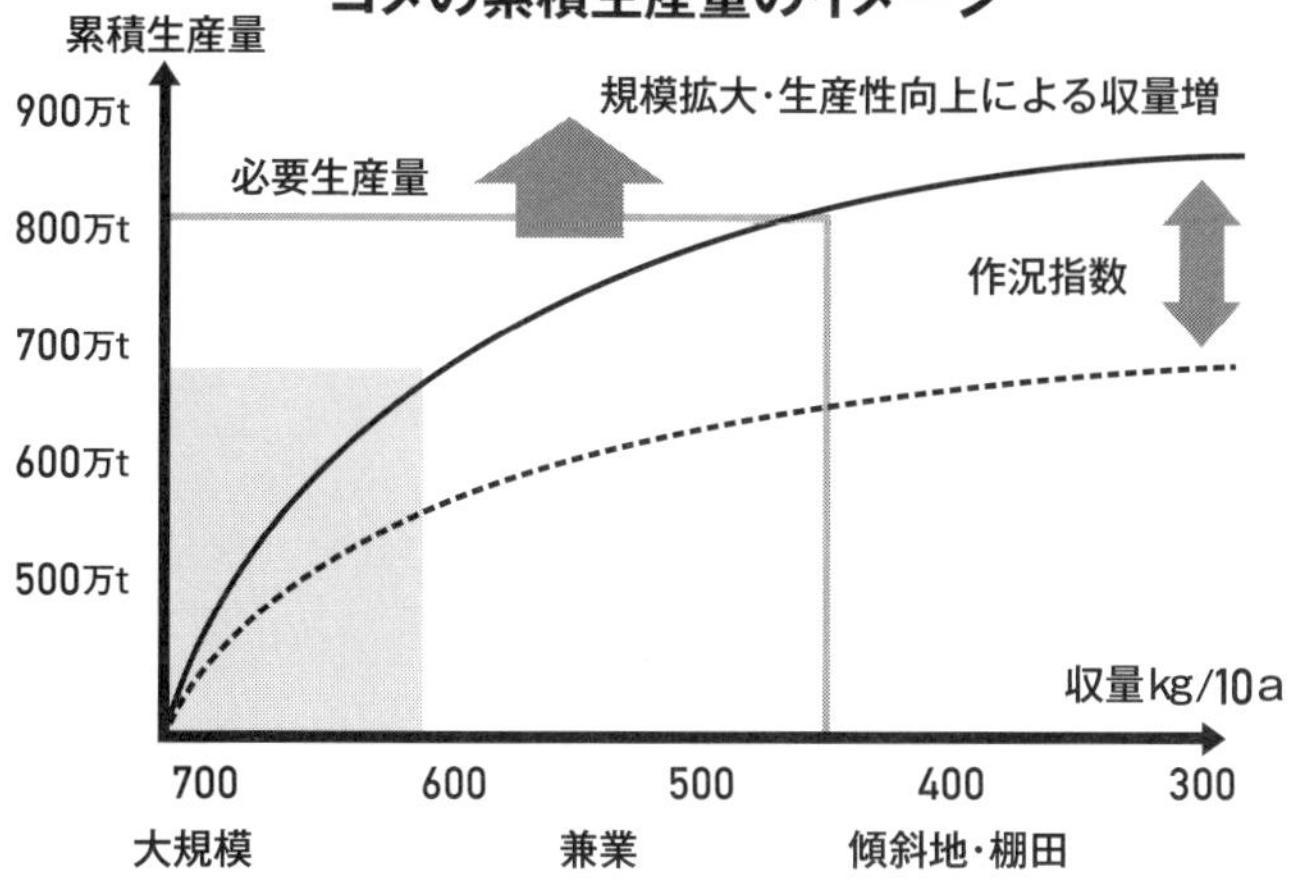

❖透けて見える低生産性農家切り捨て政策

図7は、収量の高い農家から低い農家へと順位によるコメの累積生産量を描いたものです。

必要なコメ需要量を国産米で賄《まかな》うためには、どの規模の収量の農家まで生産してもらう必要があるのかが、分かります。

例えば、必要なコメの生産量が８００トンとすると10アール（a）当たり収量が５００キロの農家の生産量で足りるのか、あるいは４５０キロまで必要なのか。

その際、こうした限界生産農家が再生産可能なレベルで米価が決まることになります。

かつて、食糧管理制度下で政府によりコメの流通が全量管理されていた時代は、農林水産省の米価審議会によって生産者米価が決定されていました(食管法は1995年に廃止され、食糧法に変わりました。コメの流通はそれまで、農家－農協などの集荷業者－卸－小売－消費者と流れていたタテの流通に加えて、ヨコ（卸間）やナナメ（その他）に自由化されています。

例えば、10アール当たり収量が600キログラム以上の大規模農業者だけで必要なコメ需要量700万トンを賄うことができれば、残りの生産性の低い小規模零細な兼業農家や傾斜地・棚田の農業者は切り捨ててもよいとの考えが、『強化プログラム』には透けて見えます。

しかし、そこには社会的共通資本としての農業・農村の重要性については微塵《みじん》も見えてきません。

攻めの農政のグランドデザイン

勇ましいスローガンや美しい言葉に対しては、誰も表立って反論はし難いものです。しかし、そういう言葉こそ最も警戒しなければならないと、私は思います。

安倍政権が掲げる『強化プログラム』も一見するともっともな内容のように見えます。しかし、その背景にある狙い、全体の構図を眺めて見ると軽々に容認できない点が多いのです。

そもそも、現在の「攻めの農業」のグランドデザインは、２０１３年12月に決定しました。その後２０１４年６月、２０１６年11月と改訂を重ねられてきた農林水産省の「農林水産業・地域の活力創造プラン」（以下、「活力創造プラン」）にあります。

この「活力創造プラン」は内閣府の規制改革会議および産業競争力会議が策定したものです。農林水産省は、官邸が作ったプランの実行部隊、いわば手足といった位置付けにあります。

規制改革会議の議長は住友商事相談役の岡素之氏であり、その農業ワーキング・グループ（ＷＧ）の座長はフューチャーアーキテクト社長の金丸恭文氏でした。

また、産業競争力会議の農業分科会の主査は、ローソンCEO＝現サントリーホールディングス社長の新浪剛氏でした。彼らは優れた経営者であり業界のリーダーではあるものの農業関係者ではありません。農業を知らない。知らないが故に大胆な改革を唱えることができるのです。しかし、彼らは、その改革の結果に対して、決して責任を取ることはありません。『強化プログラム』は誰のためか、という観点で、これまで論を進めてきました。

さらに、13の改革（**表1 p34参照**）のうち、未だ取り上げていない、「牛乳の改革」、「人材力の強化」、「原料原産地表示の導入」、「チェックオフ制度の導入」、「農村の就業構造の改善」、「肉用牛・酪農の生産基盤の強化」、「配合飼料価格安定制度の安定運営」を見ていきましょう。

それぞれ簡単に内容を紹介します。

評価のポイントは引き続き、誰にとっての改革かを見極めることです。すなわち、特定の企業・農家のための改革なのか、農業・農村全体にとっての改革につながるものかどうか。なお（　）内は行政の用語に筆者が敢えて補完したものです。

牛乳の改革：生産者（酪農家）が出荷先を自由に選べる環境の下、創意工夫を図りつつ所得を増大させていくため、加工原料乳生産者補給金（いわゆる補助金）の交付対象となる事業者の範囲を（アウトサイダーにも）拡大し、需給状況に応じた乳製品の安定供給等を確保する。

人材力の強化：就農後の経営能力向上を図るため、各都道府県に「農業経営塾」を整備。また、法人雇用を含めた就農等の支援、外国人技能実習制度とは別の外国人活用スキームを実施する。

原料原産地表示の導入：消費者がより適切に食品を選択する機会を確保するため、すべての加工食品について、重量割合上位1位の原材料の原産地を、国別の重量順に表示することを基本とし、実行可能性を考慮したルールを設定する。

チェックオフ制度の導入：チェックオフ（生産者から拠出金を徴収、販売促進等に活用）の法制化は、要望する業界において、一定の条件を満たした場合に着手する。

農村の就業構造の改善：農村地域において就業の場を確保するため、農村地域への導入を促進する産業の業種を拡大する。

肉用牛・酪農の生産基盤強化：繁殖雌牛の増頭、乳用後継牛の確保、生産性の向上、自給飼料の増産等を推進する。

配合飼料価格安定制度の安定運営：（右に同じ）。

以上の改革について、いくつか私が気になる点についてコメントしてみましょう。

限界にきたミルクサプライチェーン

❖生乳価格が安すぎて成り立たない

まず指摘しておきたいのは「牛乳の改革」についてです。

安倍政権の改革は、現行の日本のミルクサプライチェーンにおける指定団体制度の在り方に疑義を挟むものです。

日本の酪農家戸数は、1963年のピーク時に42万戸を数えた後、減少の一途をたどり、2019年2月では1万5000戸まで減少してしまいました。最近では毎年1000戸前後で減っている状況です。これに伴い、1993年に128万頭を数えた乳を絞ることのできる経産牛は、2018年には85万頭まで、3割も減少しています。

一方、1戸当たり飼養頭数は、1993年の42・4頭から2017年80・7頭と、この24年間で約2倍に増えています。

表向きの数字だけを見ると、日本の酪農は、すでにEU並みに大規模化、効率化が進ん

図10　生乳生産量の推移

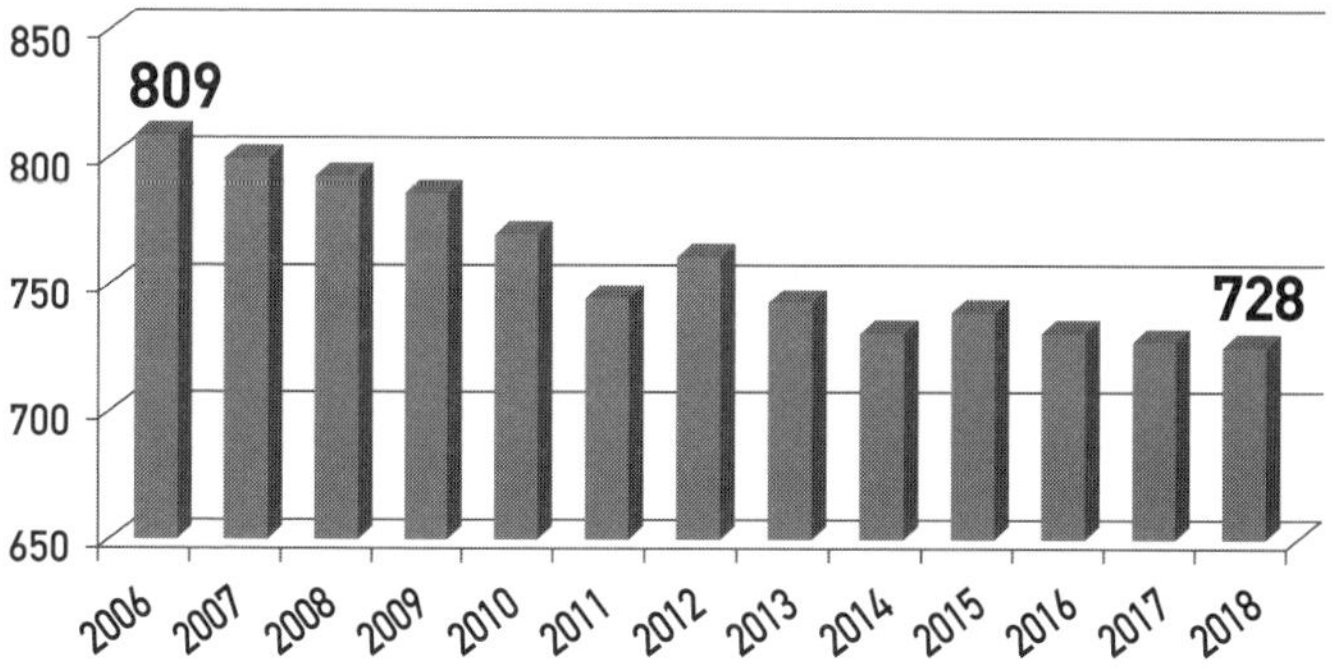

でいます。

しかし、これは仲間の廃業による減少を、残った酪農家が規模拡大により、どうにか生乳生産を維持してきたということなのです。「生乳」とは、牛から絞ったままのお乳で、牛乳や乳製品の原料となります。

いまやそれも限界に達しつつあります。

２０１８年の生乳生産量は年間７２８万トンと、この12年間で81万トン減少しています（図10）。北海道でも生乳生産量が減少に転じました。

この背景には、次のような酪農家の状況があります。

酪農は生き物である乳牛を相手にする仕事なので、休日がありません。

酪農家の一日は、早朝の牛舎の掃除に始まり、エサやり、搾乳、日中は搾乳機やミルキングパーラー（乳用牛を搾乳室に移動し、搾乳作業を集中化する装置）などさまざまな機器のメンテナンスも欠かせません。

自給する飼料作物のための畑仕事、牧草地の手入れ、子牛の世話、出産準備などがあります。夕方にも、牛舎の掃除、エサやり、搾乳の仕事など。これが365日続くのです。

こうしたなか、牛乳小売価格の継続的な引き下げのなかで、生産者価格は低下を続けてきました。

生乳は腐敗しやすく貯蔵にも限界があるという特性を持つ一方、毎日の食卓には欠かせないという供給の安定性を求められます。

売り手の酪農家の立場は、買い手の乳業メーカーに対して一般的に不利であり、供給が過多になると大幅な乳価の低下を招く恐れがあります。

問題は、2006年末から配合飼料価格が高騰し、生乳価格への転嫁ができないまま、生産費を下回る状況になったことです。生乳価格は2008年、2009年、2015年に引き上げられ、その後も、配合飼料価格の高騰や消費税増税などを要因に引き上げられ、キログラム当たり110円となっています。

❖半数の酪農家が赤字経営

しかし酪農経営は生乳価格の引き上げ後も楽ではなく、家族労働報酬（特に、１００頭以下規模）が大きく低下しており、半数の酪農家の経営は赤字状態にあります。

これらに加えて、高齢化や東日本大震災、口蹄疫《こうていえき》、夏場の猛暑、飼料価格の高止まりと乳価低迷、増大する乳製品輸入、ＴＰＰ合意に伴う将来不安など、日本の酪農は危機的状況にあります。

生産コストの約半分は飼料費で、その大半は輸入に依存します。

為替の円安や近年のトウモロコシ価格高騰の一方、牛乳は量販店などでの特売対象になりやすく価格低下圧力が強いため、小売価格の引き上げは困難です。

もちろん酪農家は、飼料の自給、水田の活用による稲発酵粗飼料（ＷＣＳ）や飼料用米の利用、乳牛1頭当たりの産乳能力を高めるための遺伝的な改良などに取り組んでいます。

にもかかわらず、経営環境の変化がこうした酪農家の生産性向上努力をはるかに超えるスピードで進んでいるのが実状なのです。

乳業の状態も極めて厳しい状況です。

ＨＡＣＣＰ（ハサップ：Hazard Analysis Critical Control Point　危害分析重要管理点）な

ど衛生管理にコストがかかりますが、これまでの低価格供給により、もはや飲用乳では採算がとれず、ヨーグルトなどの利益に依存しているのが実状です。

中小乳業は、価格帯が一段と低く（PB牛乳を供給する場合はさらに低い）、牛乳部門だけでは約3分の1が赤字状態にあります。

安定的に安全・安心な牛乳乳製品を供給するためには、全国に酪農家が存在することが不可欠です。

そして、そのためには、コストを反映した適正な価格形成を構築することで、危機に陥っている国内の酪農生産基盤を早急に強化することが必要となっています。

徹底的に競争力を付けることはもちろん、消費者が安全で信頼性の高い国産品を買い支える取り組みや仕組みを作り、それを行政が支援することが重要です。

安ければ安いほど良いといった風潮が強まるなか、消費者には適正価格を見極める力とそれを受け入れる覚悟を期待します。

それが最終的に消費者の利益となって帰ってくるはずです。

一部のアウトサイダーに配慮した規制改革会議

❖ミルクサプライチェーンに問題があるのか

このままでは、乳製品を製造するための生乳が不足し、今後、国内の乳製品需要を満たせなくなる恐れがあります。

かといって、ひっ迫する国際乳製品市場に頼ることもできません。安定的に牛乳・乳製品を供給するためには、コストを反映した適正な価格形成を構築することで、危機に陥っている国内の酪農生産基盤を早急に強化することが必要となっています。

これに対して、規制改革会議は、酪農家の窮状の一因として、生乳の生産・流通（ミルクサプライチェーン）構造の問題を指摘します。

生乳は腐敗しやすく貯蔵にも限界があるという特性を持つ一方、毎日の食卓には欠かせないという供給の安定性を求められます。

図11　生乳の流通

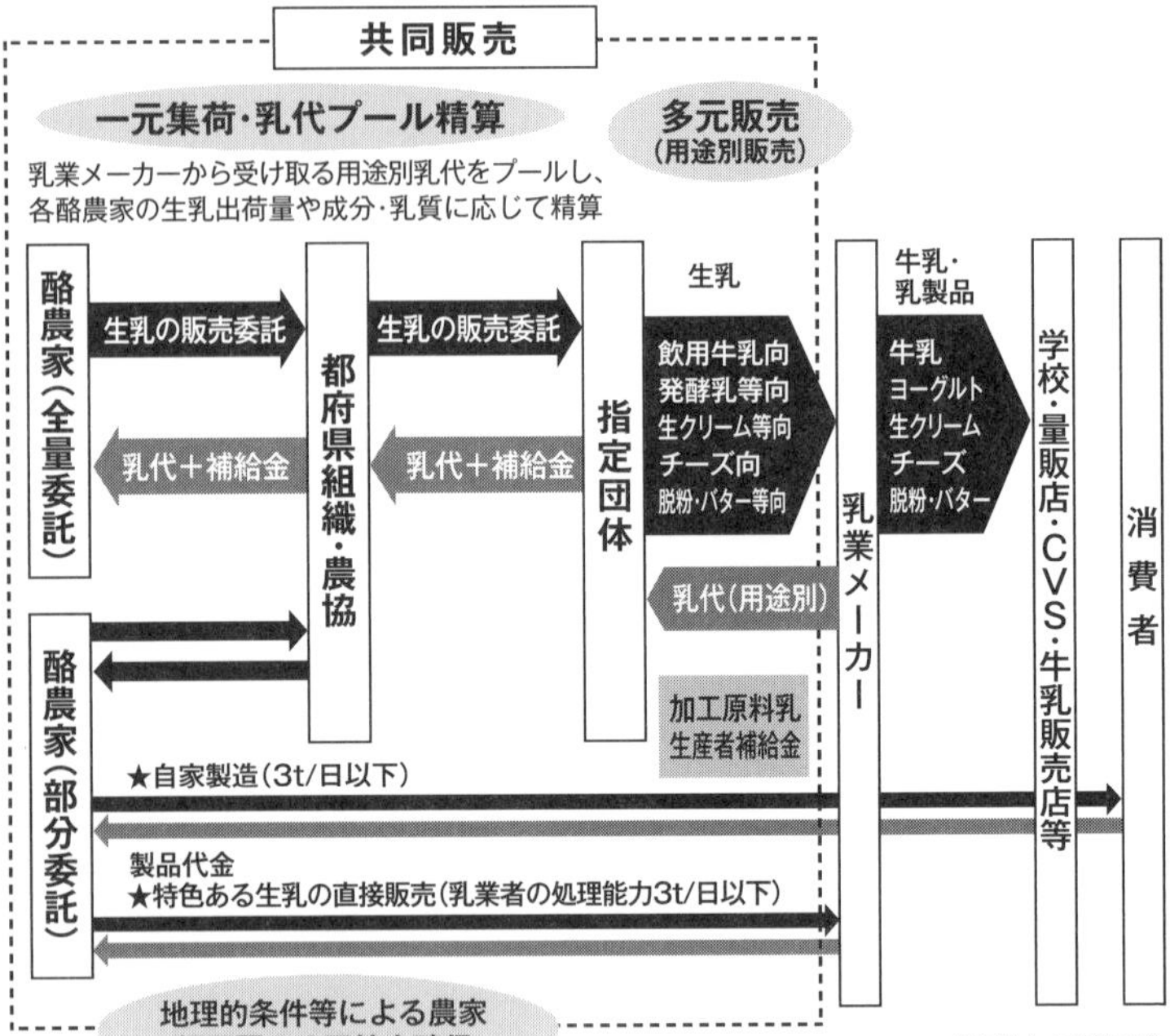

（出所）中央酪農会議

売り手の酪農家の立場は、買い手の乳業メーカーに対して一般的に不利であり、供給が過多になると大幅な乳価の低下を招く恐れがあります。

このため、業界では安定した生乳取引関係を実現するために指定団体（全国に10団体）制度を設けてきました。この制度も、前述した社会的共通資産なのです。

これまで、政府は、指定団体に補給交付金に加え、「全量無条件委託」、

「多元販売・一元集荷」、「用途別取引（プール乳価）」などの機能を持たせ、生乳取引の交渉力強化と合理的な生乳取引を実現することで、酪農経営の安定を図ってきました（図11）。

　こうしたなか、昨今では、一部のアウトサイダー（生乳自主流通グループ）が出現し、政府の対等の支援を求めるようになりました。「生乳の改革」は、こうしたアウトサイダーの声に応えるものと言えるでしょう。

　しかし、一部の酪農家の所得が競争的な経営と流通のなかから生まれたとしても、果たしてそれが日本の生乳生産・流通の安定に寄与するものでしょうか。私は、疑問を抱かずにはおれません。

『強化プログラム』の狙い

❖狙いは法人化、企業参入のための労働力確保

次に指摘したいのは「人材力の強化」についてです。

「農政新時代に必要な人材力を強化するシステムの整備」というのが正式な項目です。

具体的には、安倍政権は、

①農業教育システムの改革（農業大学校の専門職業大学化を推進）、

②就職先としての農業法人等の育成、次世代人材投資（青年就農給付金を農業次世代人材投資資金に改める、農業女子プロジェクト）、

③地域の農業経営塾と海外研修、労働力の確保（外国人人材の確約を促進するためのスキームの導入）、

などをあげています。

ここでも一見、良いことずくめのように見えますが、何のことはありません。

「農業女子プロジェクト」といった蠱惑《こわく》的な言葉の背後で、「法人化」や「企業の農業参入」を進める上で必要となる労働力（外国人労働力を含む）を如何に確保するかといった狙いが透けて見えます。

こうした「人材の強化」が進められれば、必然的に「農業の就業構造は（一部企業化農業にとって）改善」することになるでしょう。

しかし、日本農業が抱えた人手不足の問題が、根本的に解決されることにはなりません。

❖改革の名で地域社会が崩壊する

1つひとつの項目を眺めて、それらを組み合わせて見ると、規制改革会議、産業競争力会議、そしてアベノミクス「攻めの農業」を拙速に推進する官邸の狙いも見えてきます（図12）。

すなわち、ＴＰＰや日欧ＥＰＡ、そしてトランプ政権下での日米ＦＴＡ（当面は日米貿易交渉）などの貿易自由化を推進するため、先ずは、その障害物となる農協改革を「自己改革」を迫る形で推し進める。生産者や農村地域に対しては「所得向上」、「農業・農村所得倍増」といった、それ自体誰もが反対できない錦の御旗を掲げ、一気に推進しようとしています。

しかし、安倍政権にとって、倍増すべき所得は、必ずしも中小零細農業者ではありません。

図12 『農業競争力強化プログラム』の構図

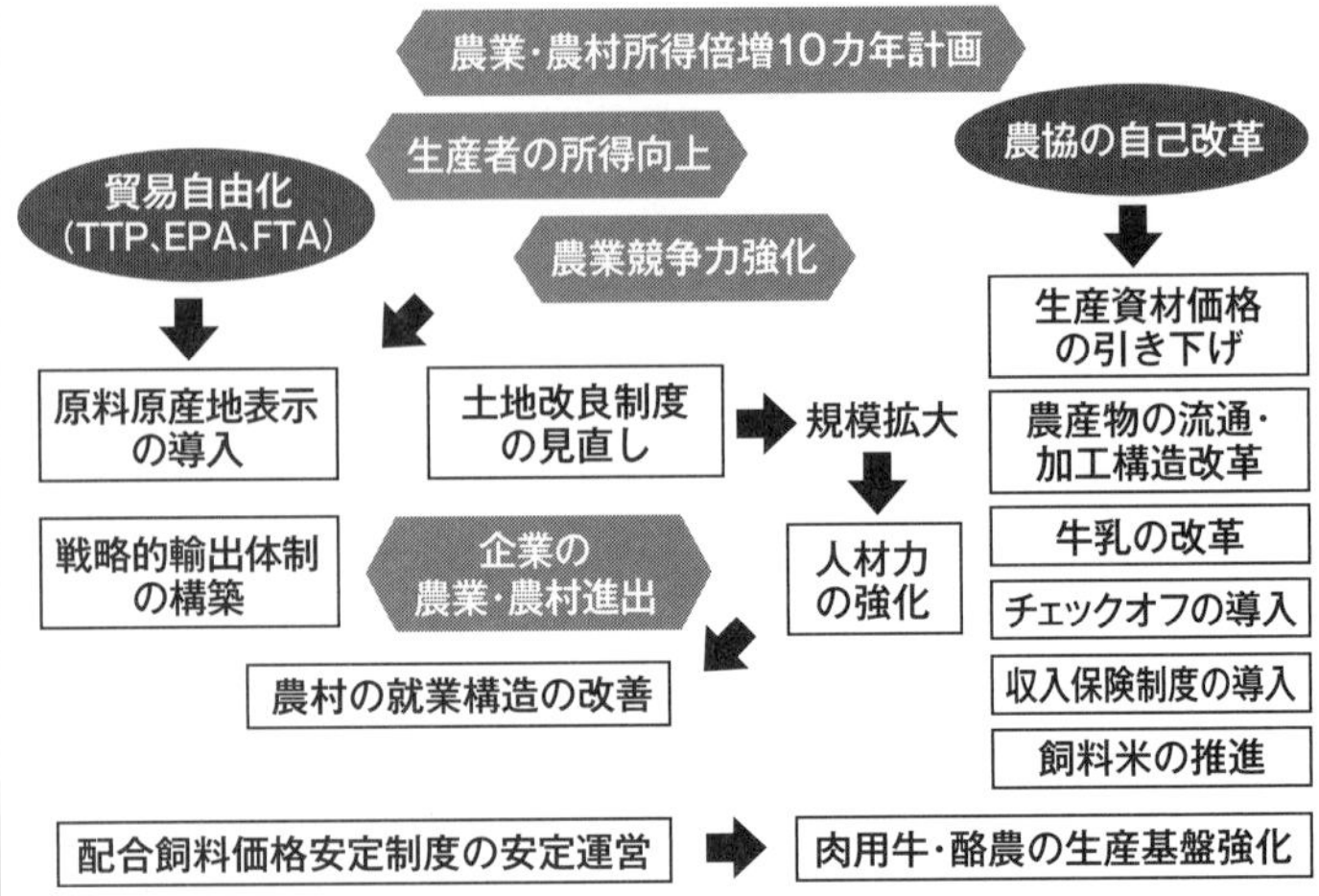

（出所）著者作成

特定の「担い手」農家あるいは企業的農家の所得倍増が真のネライです。

そのためには、市場経済の考え方の下、長い年月のなかで培われてきた生産流通制度など、本来市場で商品化されてはならない「生産要素」（社会的共通資本）までを、商品化の対象としていくことに何の躊躇《ちゅうちょ》もないようです。

そもそも市場経済は、「農業・農村社会の安定」を基礎に持たなければスムーズに機能しません。

この市場経済と「社会の安定」とをつなぐものが「生産要素」であるにもかかわらず。日本の農業・農村を基盤とした地域社会が崩されようとしていることを危惧せずにはいられません。

日経調提言『20年後日本農業』批判

❖農外資本による農業の取り込み

夢を語るのはよいが、私にはかなり乱暴な議論のように思えました。

日本経済調査協議会（日経調）が２０１７年５月に公表した報告書『日本農業の20年後を問う──新たな食料産業の構築に向けて──』（以下、『20年後農業』）のことです。

この報告書は、２０１５年３月から２年におよぶ研究会（委員長は元農林水産省事務次官の高木勇樹氏）の成果ということになっています。

主査は本間正義（東京大学名誉教授）、委員には青山浩子（農業ジャーナリスト）、合瀬宏毅（日本放送協会解説委員）、三石誠司（宮城大学教授）など、日頃、私が敬意を抱いている専門家はじめ商社や農業関連企業など11名が名を連ねています。

共通の問題意識として、農業就業者の高齢化と後継者の減少、耕作放棄地の増加に歯止めがかからない一方、ＩＴ（情報技術）化が農業にも異次元の進歩をもたらそうとしているという思いがあるようです。私も、そうした思いに違和感はありません。

しかし、「乱暴な議論」と思えてならないのは、報告書が「未知の世界に対応するには、日本農業にも不連続な対策が必要」という認識に立っていることです。

農業に必要な「不連続な対応」とはどのような対応でしょうか。

それはどうやら「フロンティアに立つ農業者を支援する農業政策」を行うことにあるようです。

当然のことながら、「攻めの農業」を標榜《ひょうぼう》する政府が2016年11月に策定した『強化プログラム』と符合する内容となっています。

『20年後農業』が「新たな食料産業の構築に向けて」次の7つの提言と1つの総括を行っています。いずれの提言も、一見してもっともであり、異論をはさむ余地が無いように思われます。

しかし、ここでも「誰にとっての」提言かという偏光ガラスを通して見る必要があります。そうすると、報告書の本質が見えてきます。

要するに、提言は、食品、流通、情報業界など農外資本による農業市場の取り込みを如何に理路整然と行うか、という内容となっているのです。

当然そこには生業的な農業はもちろん地域経済への配慮は微塵も感じられません。

❖提言は机上の空論

7つの提言と総括を左（表3）に記しておきます。

表3 『20年後農業』の提言

提言1	フロンティアを支援する農業政策
	・コメの減反を廃止して、自由なコメ作り ・農地を経営資源・生産要素とする農地制度の確立 ・農地集約のために税制の活用を
提言2	国内流通制度の抜本的改革
	・フードバリューチェーンの構築は流通改革から ・農産物物流センターの設置と全国ネットワーク化 ・野菜カット工程の大規模組織化とその拠点形成
提言3	食品産業および他産業との一体化した連携
	・マーケットインがフードバリューチェーンの基本 ・食品業界のコラボによるフードバレーの創造 ・IT産業等との連携で、新たな農業を創造
提言4	海外市場での積極的なビジネス展開
	・日本の農産物に対する海外マーケティングを強化せよ ・輸出には国際認証規格の取得が不可欠 ・基本的輸出戦略は「オールジャパン」で
提言5	農業食料高等教育の改革
	・「農学栄えて農業滅ぶ」を廃し、農学部を改革する ・実践的かつ地域に貢献する農業教育を ・農業版ビジネススクールで、食と農の人材教育
提言6	農の魅力をサービス産業に活かす
	・サービス農業として、農業の魅力を考える ・テーマパークになりうる中山間地農業 ・都市と農村の心理的距離を縮める交流を
提言7	関税に依存しない農業の確立
	・グローバルな経済に適応する農業は、関税なしで生き残る ・輸出拡大のために必要な国境保護措置の撤廃 ・ゼロ関税実現のために、今、すべき農業改革を急げ
総括	食料産業の構築に向けた国家の役割
	・フードバリューチェーンは食と農をトータルで考える ・農業政策は社会政策を切り離し、産業政策に徹する ・食料安全保障は総合国家安全保障のなかに組み入れる

逐一コメントをするつもりはありませんが、これらの提言を産業界から見た場合には、至極もっともなことに映るはずです。

しかし、私には理路整然と間違っているとしか思えません。

その背景にある問題意識を取り上げてみると、農業政策をもっぱら産業政策に徹することで、地域政策としての農業政策を止めるということです。

この20年間で平均して約6万の農家・経営体が農業を辞めている現実に対しても、提言では「経営体の数が問題なのではない。経営体当たり1億円の生産額があれば、10万経営体で10兆円の農業生産を維持できる」との立場です。

これを机上の空論と言うのです。

1つだけ指摘するならば、高々10万の経営体で、全国に張り巡らされた農業水利施設をどのように維持していくことができるのでしょうか。

❖第二章

農協排除への強い意志

60年振りの農協改革は誰のためか

❖農協憎しの執念が凝縮

第一章では、コメの生産問題をやや深追いしてしまった感があります。しかし、敢えて政策批判をする場合には、コメの問題に触れないわけにはいきません。

また、13の改革からなる『強化プログラム』および関連する8本の「強化支援法」を検証するに当たっては、やや回り道になりますが、『強化プログラム』推進の前提として、自民党・規制改革推進会議が強力に進めてきた改正農協法＝農協の「自己改革」に触れなければなりません。

「攻めの農業」を推進するためには、そのための障害となりうる農協をどうしても取り除いておかなければならない、という安倍政権の強い意志を感じるからです。

何と言っても、安倍総理の「農協憎し」の執念が「農協改革」に凝縮されていると思うからです。

世界が脱グローバル化に舵を切り換えるなか、ひたすらグローバル化を目指して政府が進めようとしているのが政府主導の「農協改革」です。

理不尽な改革を迫られたＪＡグループも２０１６年４月より、期限とされた２０１９年９月までの３年間、「自己改革」を進めてきましたが、それは必ずしも政府が求める「農協改革」と同じではありません。

では両者の違いは何でしょうか。

そもそも、アベノミクスの「農協改革」の発端は、２０１４年５月に規制改革会議農業ワーキング・グループが発表した「農業改革に関する意見」（以下、『意見』）です。

そこには、「中央会制度の廃止」、「全農の株式会社化」、「単協の専門農協化」、「準組合員の事業利用規制」などが盛り込まれていました。

ＪＡグループの反発をよそに、政府・与党は２０１４年６月には、「農協改革等の推進について」を取りまとめて発表しています。

そこでは、「農業」の改革がいつの間にか「農協」の改革にすり替わっていました。背景には、合意を急ぐＴＰＰの流れがあったと言えるでしょう。

農協法改正案は２０１５年５月に国会に上程され、８月に成立。２０１６年４月に改正農協法が施行されることになりました。

これを受け、JAグループも同年10月の第27回JA全国大会で「創造的自己改革の実践」を発表しました。

その直後に、TPP大筋合意が報道されます。

❖営利追求の農協に変える

多くの改正点があるなかで、安倍総理が「60年振りの改革」と強調する改正農協法のポイントは次の4点です（図8）。

第1は、組合の事業目的を「奉仕」から「収益性追求」へ明確化したことです。

ここでは、改定前の農協法では「営利目的としてその事業を行ってはならない」（非営利規定）としていたものを、「農業所得の増大に最大限配慮しなければならない」（収益性追求）ことが明記されました。

第2に、理事構成も、その過半数を「認定農業者」または「農産物販売・法人経営のプロ」とすることが盛り込まれました。

第3は、組織の変更＝中央会制度の廃止です。

２０１９年９月末までに、都道府県中央会は連合会に、全国中央会は一般社団法人に移

図8　農協60年振りの改革へ（2016年4月改正農協法）

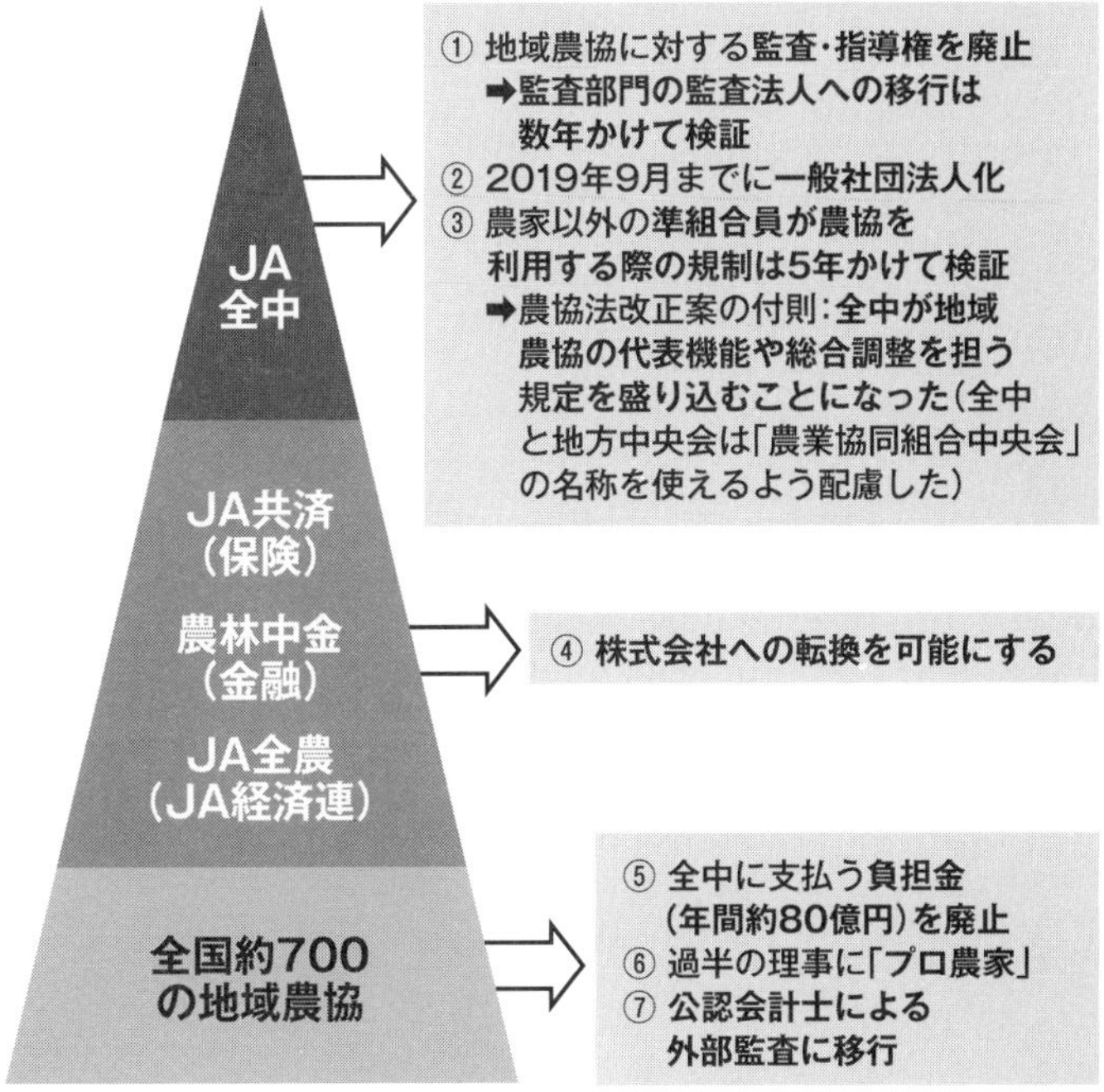
JA
全中
JA共済
（保険）
農林中金
（金融）
JA全農
（JA経済連）
全国約700
の地域農協
① 地域農協に対する監査・指導権を廃止
➡監査部門の監査法人への移行は
数年かけて検証
② 2019年9月までに一般社団法人化
③ 農家以外の準組合員が農協を
利用する際の規制は5年かけて検証
➡農協法改正案の付則：全中が地域
農協の代表機能や総合調整を担う
規定を盛り込むことになった（全中
と地方中央会は「農業協同組合中央会」
の名称を使えるよう配慮した）
④ 株式会社への転換を可能にする
⑤ 全中に支払う負担金
（年間約80億円）を廃止
⑥ 過半の理事に「プロ農家」
⑦ 公認会計士による
外部監査に移行

（出所）筆者作成

行することになりました。

JA（農業協同組合）全国監査機構については、独立した監査法人を設立することになりました。

第4がJA全農、経済連の「株式会社への転換」を可能にすることです。

なお、議論の焦点となった「準組合員の農協利用規定」については、法施行日である2016年4月より

5年間で、正組合員および準組合員の事業の利用状況や農協改革の実施状況の調査を行い、検討を加えて結論を得ることが附則に記載されました。

❖中央会制度を廃止する

さらに踏み込んで見ていきましょう。「改正農協法」は2019年9月末を期限に、主に3つの改革をJAグループに強いるものとなっています。

1番目は「中央会制度の廃止」についてです。

全国農業協同組合中央会（全中）は一般社団法人法にもとづく社団法人に、都道府県中央会は農協法にもとづく連合会に組織変更されます。

背景には、前述の『意見』に、「単協が地域の多様な実状に即して独自性を発揮するためには、中央会主導から単協中心へ、系統を抜本的に再構築することが必要」との指摘がありました。

政府には、中央会が単協（JA）の自主性を奪っているとの認識が強いようです。なお、『意見』には盛り込まれず、今回の法改正で盛り込まれたのが、中央会の「監査権」の否定です。

中央会が単協を縛る手段が「監査権」であるとし、今回は、一定規模以上の信用事業を営む農協、連合会に会計監査人による監査を義務付けることになりました。

❖全農を株式会社化する

2番目は、「全農の株式会社化」についてです。

『意見』は、全農が「グローバル市場における競争に参加するためには、株式会社に転換することが必要だ」としています。

これを「余計なお世話」、と言います。

ＪＡグループは、かつてオーストラリアの小麦協同組合(ＡＷＢ：Australian Wheat Board)が株式会社にした結果、最終的に米国資本の穀物メジャーであるカーギル社に買収されたことを忘れていません。

一体、誰のための株式会社化なのでしょうか。

後に述べますが、株式会社の目的は「収益性の追求」ですが、本来、相互扶助の精神に基づく農協には、そうした強欲資本主義は馴染みません。

❖信用事業を分離する

3つ目の改革の「信用事業の分離」についてはどうでしょうか。

『意見』は、「単協の専門化・健全化の推進」を謳っています。しかし、その本音は単協からの信用事業・共済事業の分離、であることは明らかです。

2015年のJAグループの信用事業における預金残高は95兆円強、貸出残高は22兆円強、共済事業での長期共済保有契約高は274兆円近くにのぼります。

「分離論」の論拠は、金融環境の悪化による将来リスクの増大を考えた場合、切り離した方が既存の総合農協にとってメリットが大きいというものです。

しかし、中央銀行の日銀こそ巨額の債務を抱え、国際的な信用が揺らぎかねない状況にあるのです。

日本ばかりではありません。

国際通貨基金（IMF）は、2019年11月に、世界全体の借金総額が188兆ドルに達し過去最高になった、と発表しました。

188兆ドルとは、日本円にして「兆」で表すことができず、なんと2京《けい》円です。世界の名目GDP85兆ドル（2018年）の2・2倍です。

このうち、米国政府の債務が約23兆ドル（２５００兆円）、民間が約30兆ドル（３２００兆円）、ユーロ圏および中国の民間企業がそれぞれ約20兆ドル（２２００兆円）。そして日本政府の債務が10兆ドル（１１００兆円）です。

ＩＭＦのゲオルギバエ専務理事は、「債務の持続性や透明性の確保がより必要だと指摘し、リスク管理を強化するよう」訴えています。

特に、「債務膨張に伴い、政府や企業、家計が急な金利上昇に対して弱くなっている」との分析を示しています。

これらは、規模としてはかつて経験したことのない「債務バブル」ですが、バブルの鉄則は「弾ける」ということを忘れてはなりません。

このように、政府や民間に任せればもっと収益を上げられる、健全性を高められる、との考えに説得力は全くありません。

改めて、ここで想起すべきは、安倍政権の構造改革の究極の目的が「世界で一番企業が活動しやすい国にする」ということです。

企業とは、日本企業に限りません。むしろ海外の企業を想起しています。

誰にとっての信用事業「分離論」なのか問《と》い質《ただ》したい思いです。

ＪＡグループの自己改革

❖相互扶助精神を放棄するのか

一方、ＪＡ（農業協同組合）グループも、政府・規制改革会議による上からの改革圧力に対応する一方で、自らも自己改革を進めています。

ＪＡグループは、２０１５年10月、第27回ＪＡ全国大会で「創造的自己改革への挑戦〜農業者の所得増大と地域の活性化に全力を尽くす〜」をテーマに掲げ自己改革を進めています。

なお、この「創造的自己改革への挑戦」は、２０１９年３月の第28回ＪＡ全国大会では「創造的自己改革の実践」に変わっています。

そこで目指しているＪＡグループの将来像とは、次の３つのイメージ（姿）です。

①持続可能な農業の実現

消費者の信頼に応え、安全で安心な国産農畜産物を持続的・安定的に供給できる地域農業を支え、農業者の所得増大を支える姿。

②**豊かで暮らしやすい地域社会の実現**
総合事業を通じて地域の生活インフラ機能を担い、協同の力で豊かでくらしやすい地域社会の実現に貢献している姿。

③**協同組合としての役割発揮**
次世代とともに「食と農を基軸として地域に根差した農業協同組合」として存立している姿。

ＪＡグループによる自己改革とはいえ、明らかに政府主導による「押し付けられた改革」といった印象を受けます。

例えば、「農業者の所得増大を支える」と言っている点です。

もちろん所得拡大には異論はありません。というよりも「錦《にしき》の御旗《みはた》」であるから誰も反対はできません。

しかし、政府の改正農協法で、これまでの「非営利規定」（農協は営利目的でその事業を行ってはならないとする規定）を削除し、新たに「収益性追求」を盛り込んだことと、ＪＡグループの「所得増大」を目指した自己改革は、そもそも戦前から継承されてきた「相互扶助の精神」を放棄するものであり、とうてい容認できません。

❖農協思想に馴染まない「収益」発想

日本の農家は、生産と生活が一体化し、兼業農家が多く、地域住民と一体となって混住してきました。この混住化傾向はますます進んでいます。

地域農協の事業展開も兼業農家の生活ニーズに応えると同時に、地域住民の様々なニーズにも応えていく必要があり、必然的に総合農協しかありえません。

そのため相互扶助の精神に基づき、「営利を目的としない」との非営利規定が設けられてきたという歴史があります。

にもかかわらず、「収益性の追求」が目的ということになれば、総合農協としての存立はたちまち危うくなります。

確かに一般企業であろうと農協であろうと、事業体である以上は「損益計算書」の仕組みは変わりません。

売上高から経費が引かれ経常利益が計算され、さらに法人税などが差し引かれ最終的な利益が確定します。

それは一般企業では「当期純利益」であり、農協では「当期剰余金」に当たります。

この点、田代洋一氏（横浜国立大学名誉教授）は『農協改革・ポストTPP・地域』（筑摩書房）で、一般企業の「収益」と農協の「剰余金」は全く思想が異なると指摘しています。

営利企業にとって「収益」は事業目的ですが、「組合員への最大の奉仕」を目標に掲げる農協にとって、「剰余」は目標を追求したうえでの事業活動の結果でしかありません。

「剰余」はあくまでも組合員への奉仕のために使われるとすれば、農協改革で政府が迫る「収益」とはそもそも馴染まないのです。

総合農協はなぜ重要か

❖20分の1に減った総合農協

地域農村の人口減少・高齢化は都市部と比べて20年ほど先行していると言われます。介護や福祉を含めた総合農協の存在がますます重要になってくるはずなのに、政策の旗は経済性に富んだ専門農協の方向を目指しています。

ちなみに、専門農協とは、酪農、果樹、園芸など作目別を中心にした組織で、経営規模が大きなヨーロッパの農協が主流です。

日本の農協の始まりは、1900年に産業組合法が制定されたのを契機に、全国に組織された産業組合とされています。

当時の日本経済は工業や商業が発展したとはいえ、農業の比重が圧倒的に大きかったのです。しかし、地主制の下、多くの小作農民は貧しく、「日本の農民はなにゆえに貧乏であるか」という問題に答えることが、政治家や農政学者の課題でした。

こうしたなか、第二次世界大戦の戦時下、1943年に産業組合と農会（地主）が合併し、農業会が設立されました。

戦後、農業会は解散しましたが、1947年に農業協同組合法が制定されたのに基づき、かつての農業会を前身に全国に農協が設立されました。

当時は、「組合員の経済的社会的地位を高め、併せて国民経済に寄与する」という農協法の目的の下に、事業は、信用、共済、販売、購買、営農、医療、生活指導、農政活動、教育活動と多面にわたりました。

要するに、組合員のために必要な事業であれば、何でもできたのです。

1950年当時の総合農協の数は1万3314組織ありました。しかし、1961年に農協合併助成法が施行されてから、全国で行政区を超えた広域合併が進み、2016年1月1日現在、総合農協数は679組合と、かつての20分の1近くに減少しています。

❖減少する正組合員数、自己改革も必要

この間、農家戸数の減少や高齢化により正組合員数も減少傾向にあり、2015年度で442万人と、1985年度の554万人から約2割減っています。

これに対し、準組合員数は1985年度の253万人から2015年度594万人で年々増加しています（**図9**）。

この結果、2015年度の総組合員数は1036万人で漸増傾向にあります。

こうした傾向を見ると、政府主導の「農協改革」の圧力とは別に、JAグループも2つの面から「自己改革」を行わざるを得ないのも事実です。

1つは、戦後70年にわたって続いてきた農業協同組合という仕組みそのものを、時代に沿った形で見直していかなければならないことです。

もう1つは、正組合員、準組合員を含めて組合員同士のつながりの希薄化にどう対応していくかということです。

この点、JAグループの「創造的自己改革の実践」では、「総合事業を通じた地域の生活インフラ機能」および「食と農を基軸として地域に根差した農業協同組合」という言葉で、目指すべき方向性は示されていると思います。

❖政府との大きな認識のギャップ

一方、JAグループは「創造的自己改革の実践」で、次のような現状認識・危機感を抱い

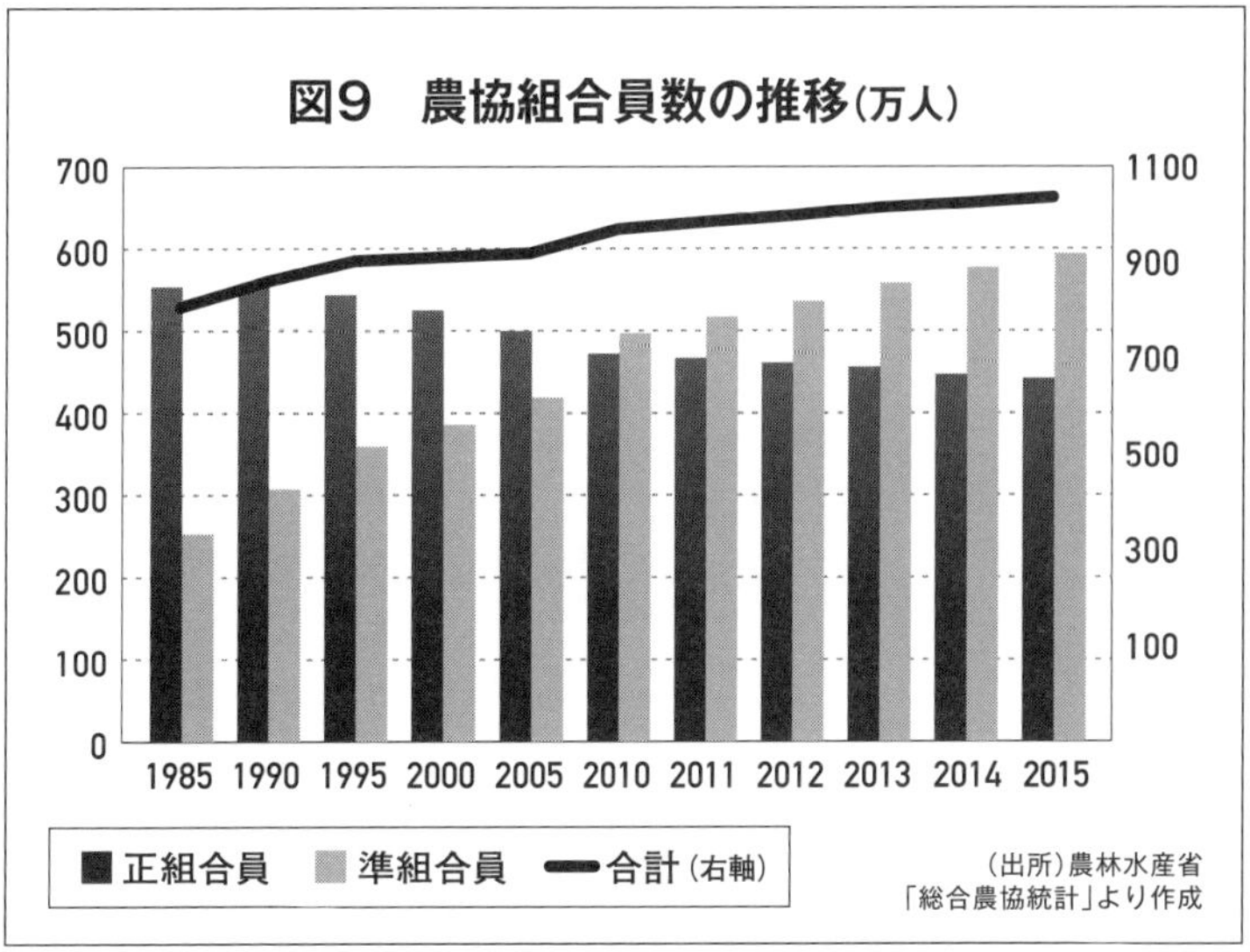

ています。

その認識は、農業・農村では高齢化し、深刻な担い手不足等が進んでいて、農業生産基盤は縮小傾向にあり、農村は深刻な過疎化に直面している、というものです。

その上で、このままでは国民への食の安定供給について懸念が生じかねないと、強い危機感を示しています。これらの危機を打開するため「農業者の所得向上」、「農業生産の拡大」、「地域の活性化」を目指して、「自己改革」を何としてもやり遂げなければならないと表明しました。

具体的には、食料・農業政策の確立として、次のような政策を政府・与党に提案しています。

輸出対策、国産農畜産物の需要拡大、

食の安全確保対策、担い手育成対策、労働力不足対策、農地関連制度、水田農業、畜産・酪農、青果、甘味資源、主要農産物種子法を、地域政策の確立として多面的機能の維持・発揮、中山間地農業、鳥獣害対策、都市農業――などです。

至極、まっとうな提案だと思います。

しかし、ここで改めて懸念されるのは、政府の「農協改革」とJAグループの「自己改革」のギャップの大きさです。

規制改革会議『意見』の狙いは、農協の姿かたちを根底から変えるということにあります。それは、日本の農業市場、ひいては食料市場を外資（多国籍アグリビジネス）に引き渡そうということにある、と思えてなりません。

そのようなことになれば、JAグループの抱く心配、すなわち「このままでは国民への食の安定供給について懸念が生じかねない」という事態が現実化することになります。

それでなくとも、地球温暖化が進むなかで、世界の食糧市場は一段と不安定化しているのです。

農協改革＝中小農家切り捨て策

政府が定めた「農協改革集中推進期間」の期限が2019年5月に終了しました。

農林水産省は4月の規制改革推進会議農業ワーキング・グループ（WG）に、農協改革の取組状況について報告をしています。

農産物販売事業の見直しについては、「具体的取組を開始した」と回答した総合農協が93・8％に上ったのに対し、農業者の評価は38・3％にとどまりました。

生産資材購買事業の見直しについても、両者の認識には大きな差があります。

ただ、ここで言う農業者とは「認定農業者」など政府が支援を集中する「担い手」のことで、2018年時点で全国に約24万経営体（うち法人は2・4万）を数えますが、全農業経営体122万のうち2割弱を占めるに過ぎません。

政府の農協改革の狙いは、はっきりしています。

それは、農業・農村の発展を謳いつつも、次の言葉からも見てとれます。

「農業者、特に担い手からみて、農協が農業者の所得向上に向けた経済活動を積極的に行える組織となると思える改革とすることが必須」と担い手重視の姿勢を鮮明にしている点です。

これは、農業の成長産業化に向けた改革を急ぐ安倍政権による、中小農家切り捨て策ともとらえられます。

日本の農家は、生産と生活が一体化し、兼業農家が多く、地域住民と一体となって混住してきました。

地域農協の事業展開も兼業農家の生活ニーズに応えると同時に、地域住民のニーズにも応えていく必要があり、そこでの農協の姿は、必然的に総合農協しかありえません。

そのため相互扶助の精神に基づき、「営利を目的としない」との規定が設けられてきたという歴史があります。

規制改革推進会議の2019年6月6日の議事録によると、金丸恭文議長代理（農業WG議長）は、「地方創生のためには、農林水産業の成長産業化が不可欠であるとの信念の下、不退転の覚悟で改革に取り組みました」と発言しています。

私には、この「信念」が日本農業の将来を誤ることにならないか心配です。

全農への期待――ある老組合長の話

もう10年も前のことです。

宮城県の農協で講演依頼された際、阿部長尋《ながひろ》組合長（当時）からうかがった話をいまでも思い出します。

組合長は、1993年の冷夏による記録的凶作（平成コメ騒動）を経験し、冷夏にも打たれ強い「環境保全米」を開発・導入された篤農《とくのう》家であり、コメの持続的な安定供給を達成された農業指導者でもあります。

そうした組合長の話題は、政府が新たに導入した「品目横断的経営安定対策」と「集団的営農組織」、「コメの生産調整」、「全農に期待するもの」でした。

机の上の情報収集やデータ分析を行って、食糧・農業問題を論じていた私にとっては、組合長の言葉は正に経験を通して体で学んだ農業・農政論であっただけに、大変勉強にもなったと同時に、強烈な印象を受けた覚えがあります。

現在進行中のアベノミクス「攻めの農業」とも十分重なるものでもあるので、敢えて当時のメモ帳を引っ張り出して紹介しておきます。

❖小農切り捨てへの危惧

「品目横断的経営安定対策」は、「我が国の構造改革を加速化するとともにWTO（世界貿易機関）ドーハ・ラウンドの貿易自由化にも対応し得るよう、経営の安定を図る」ため、政府が2005年10月に導入した政策です。

それまで全農家を対象に品目別に講じられてきた経営安定化対策を見直し、担い手に対象を絞り、経営全体に着目した対策に転換する、という当時としては画期的な政策でした。

しかし、組合長はこれについて、「日本農業の根幹であった家族経営農業から担い手農家への選別政策への転換だ」と指摘しました。

これは「小農切り捨て」を意図したもので、農家の大きな農政への不信につながると同時に、農村地域社会の存亡につながる問題であると危惧したのです。

さらに、生産調整の主体を政府主導から農業者・農業団体に移行するもので、いわゆる生産調整の「官」から「民」への転換であり、ある意味ではWTO対応への農政転換であると見ていました。

確かに、「集落営農組織」は当時の農業にとってエポック（画期）でした。小農切り捨てとも言える「品目横断的経営安定対策」への対抗軸として、農協が運動として取り込んだ政策です。

集落営農組織運動は、農地と農業・農村の多面的機能を維持し、「家族経営農業の条件整備と共同の村づくり」を目的として展開すべきである、と強調されたのです。

しかしながら、集落営農組織の認定条件に法人化があげられていることについて、阿部組合長は「集落営農組織化を惑わせる要因になっている」と指摘。そのうえで、「法人化が目的ではなく、集落営農組織化の熟度によって法人化が選択されるのである」と主張しました。

農業・農村があってこそ、農地と水・森が維持でき、国土の荒廃を防ぐことができ、自然環境保全という国益につながるとの見方です。

この当たり前のことを肝に銘じて、農業・農村の再生につながる「集落営農」にこそ農業協同組合が真剣に取り組むべきである、との考えでした。

❖水田を水田として活用する

当時、「コメの生産調整」について阿部組合長は、抜本的な見直しが必要だ、と主張されていました。

そのため、コメの消費減少が避けられないのであれば、主食用のコメだけを前提にした水田稲作農業の在り方そのものを見直す必要がある、との意見です。

飼料用米やエタノール生産であれ、水田を水田として活用していくことが日本にとって最大の食料安全保障につながる、との思いがありました。

水源の涵養《かんよう》や、農村の景観保全など多面的機能を有する水田は、国民共通の財産であり、水田のフル活用については国民の理解も十分に得られるはずです。この意味で、環境保全などを導入した水田農業再生ビジョンが必要だ、と組合長は強調されていました。

さらに「コメは地域を動かす不思議な力を持っている」と組合長は言います。

「コメの持つポテンシャル（潜在力）に驚いている」、「コメは日本文化の源泉であり農村地域社会を形成している基礎であることを確信している」と熱く語っておられました。

全農に対しては、①農業と全農の機能が一体化し、②商社的機能（全農内での事業完結）ではなく、単協事業（販売・購買）の補完機能、③水田農業フル生産確立運動の展開―を期待したいと考えていました。

「信頼の社会」と「農業の機能」

❖安心社会の崩壊が始まっている

農業問題、とりわけ総合農協という組織が持っている複雑な性格を理解することは至難の業です。

そもそも農業そのものがあまりにも間口が広く、奥行きが深い。

農業は自然を相手にする上に、地域ごとに展開されているために、同じ作物をとっても、歴史、気候条件、土壌条件、都市部（大市場）に近いか否かで、農業の性格が異なります。

従って、農業問題に対して農政は、前述したように「まるごと」取り組む必要があります。

しかし、アベノミクスの「攻めの農業」は、これを生産性が高いか否か、儲かるかどうか、といった唯一の短い物差しのみで判断し、一般の企業（国際アグリビジネスを含む）や特定の先端的農家のみを対象に、産業政策を打とうとしているように見えます。

経済のグローバル化が進み、現在に至っても２００８年の世界的な金融危機の後遺症が色濃く残るなか、米トランプ大統領の誕生や核・ミサイル開発を進める北朝鮮問題など新たなリスクが加わり、世界はまさに先の読めない不安社会に入っています。

インターネット空間ではフェイクニュースが飛び交い、もはや、何物も信用できない「不信社会」が到来しています。

日本は、今世紀に入ってからの消えた年金問題、振り込め詐欺、食料品の偽装表示、異物混入などの「信用問題」が群発するようになりました。今や、政府が公式発表する統計データすら、安倍政権の都合のよいように捏造《ねつぞう》されている可能性があります。

明らかに何かが崩れています。社会全体のリスクが高まり、何事も素直に信頼できなくなっています。

皮肉なことに、1990年代における規制緩和の流れのなかで、国や企業が効率を求めて従来抱えていた機能を「外出し」すればするほど、相手の信頼を確認するためのコストもかかるようになってしまったようです。

社会心理学者の山岸俊男氏が指摘するように、日本社会に「信頼の文化」が育っていくか「不信の文化」が育っていくか、この社会環境の違いは、今後の効率的な社会運営を可能にするかどうか、決定的な影響を与えます。

日本ではいま「安心社会の崩壊」が始まっていると言えるでしょう。

❖見直したい農業の社会的な役割

こうしたなか、注目されるのは国内農業を再評価する動きが生じていることです。

地産地消、農産物直売、フードマイレージなどの言葉は、「不信社会」が到来するなかで、「信頼の社会」の提供役としての「農業の機能」を再認識しよう、ということの象徴ではないでしょうか。

だからこそ、そこに総合農協の機能が必要であると考えるのです。

農林水産省内にも、アベノミクスの市場原理一辺倒ではなく、農業・農村の多様性を重視する見方も現れています。

例えば、国内農業および農村を見直すという点では、農林水産省の農業農村振興整備部会は、2012年度より向こう5年間で農業構造を変えるべく、「新たな土地改良長期計画」（以下、「長期計画」）の策定を進めてきました。

そこでは、「農を強くする」（地域全体としての食料生産の体質強化）、「国土を守る」（震災復興、防災・減災）、「地域を育む」（農村の協働力や地域資源の潜在力を生かしたコミュニティの再生）という、3つの政策課題が明確に打ち出されています。

評価すべきは「長期計画」の根底に、「土と水」を再生し、将来にわたって役割を増大するように創造していくことは、日本の食料・農業・農村が直面している喫緊の課題に対処すると同時に、日本経済・社会の中長期的な発展と安定のために不可欠であるとの強い思いが込められている点です。

ちなみに、日本で、コメの生産調整が始まったのは1971年です。以来40年以上にわたり、「水田」の持つ潜在能力を縛った上での農業が強いられてきた結果、将来の農業に対する生産者の意欲がすっかり失われてしまいました。

それは同時に、社会安定化装置としての農業・農村の機能が損なわれてきた歴史でもあります。将来世代のためにも、過去の流れに歯止めをかけ、強く安定した農業にしなければなりません。

長期計画に基づく農業の基盤整備が進めば、それを活かし新しい農業の未来像を打ち出すのは地域の農家の役割であり責務です。

水田を水田としてフル活用することを前提に、人、土地、技術、水、森林そして非農家を含めた地域コミュニティ、すなわち地域資源を「まるごと」活かしていく方向で、農業の将来像を描くのです。

そのビジョンは決して全国一律ではなく、それぞれの地域発のビジョンでなければなりません。

第三章

食料安全保障と農産物の輸出

国によって異なる食料安全保障の意味

❖食料安全保障４つの要素

世界で食料安全保障（Food Security）はどのように定義されているでしょうか。

日本では、食料安全保障とは「一国にとって食料不足の事態にどう備えるか」といった問題を指します。

しかし、実際は国によって食料安全保障の考え方に大きな違いがあります。

米国では、「食料の不足に対しての備え」といった意味での食料安保のための施策は特にありません。食料は自給して当たり前であるためです。

米国でフードセキュリティーといった場合には、貧困層の食料不足（フードスタンプ）の問題であり、食の安全性の問題（例えば家畜伝染病、口蹄疫《こうていえき》、炭疽菌《たんそ》対策）を指します。

「量」の問題ではなく、「質」、すなわち貧困や栄養の問題なのです。

ブラジルなども、農産物の純輸出国であるため、緊急時（不測の事態）に備えて国内供給を確保するための施策は必ずしも重視されていません。

米国と同様に、貧困層に対する食料供給の確保を目的とした施策を指して、食料安全保障施策と呼ばれています。

中国では「食料」安全保障ではなく、「食糧」安全保障です。

中国で食糧といえば、コメ、小麦、トウモロコシ、大豆にイモ類を加えた5大作物のことです。1958〜1962年にかけて、毛沢東の大躍進運動がわずか1年で破綻し、総死者数4500万人とも言われる大飢餓に見舞われました。

この経験から、中国では、1990年代半ばまでは食料安全保障イコール「量」の確保の問題でした。

その後、2000年代に入って、食糧の増産が進み、中国では、かつてのような飢餓の心配は無くなりました。

しかし、直接食糧を食べる段階から、肉や副食物としての食料を必要とする段階に入ったことで、食料安全保障問題も農業・農村・農民、いわゆる「三農問題」（生産性の低い農業→遅れた農村→貧しい農民）にどう対応するかが重要課題となっています。

国際機関は食料安全保障についてどのようにとらえているでしょうか。

国連食糧農業機関（ＦＡＯ）が1996年の世界食料サミットで行った定義によると、

「食料安全保障は、すべての人が、いかなる時にも、かれらの活動的で健康的な生活のために必要な食生活上のニーズと嗜好に合致した、十分で、安全で、栄養のある食料を物理的にも経済的にも入手可能である時に達成される」

としています。

このように見ると、食料安全保障の考え方には次の4つの要素があると言えるでしょう。

① **供給可能性**（Availability）：国内生産により適切な品質の食料が供給されているか。
② **入手可能性**（Accessibility）：合法的、経済的、社会的に栄養ある食料を入手できるか。
③ **利用性**（Utilization）：安全で栄養価の高い食料を摂取できるか。
④ **安定性**（Stability）：いつ何時でも適切な食料にアクセスできるか。

❖急速に脅かされる日本の食料安全保障

では、改めて日本では食料安全保障はどのように考えられているのでしょうか。

この点、食料・農業・農村基本法（1993年制定）は、食料安全保障の考え方として、次のように定義しています。

国民に良質の食料を安定的に供給するため「国内の農業生産の増大を図ることを基本とし、これと輸入および備蓄とを適切に組み合わせて行われなければならない」。

しかし、これまで日本が享受できた「安価」、「良質」、「安定」という3つのキーワードは急速に脅かされつつあるのが現状です。

世界の食糧市場が一段と不安定化するなか、日本農業の生産基盤が弱体化しているためです。

大規模で生産性の高い特定農業者に政策のターゲットを絞り込む「攻めの農業」だけでは、個別経営の立場からは正論であっても、日本の安全保障を確保することはできません。

産業政策としての農業競争力の強化に加え、地域政策として土地改良をベースにした農村振興が不可欠です。

それは、中山間地で行われている生業的農業の再評価など、農村の社会資本、自然資本、人的資本を一体的に「まるごと」有効活用を図ることです。

コメ海外市場の拡大戦略

❖6年連続で記録を更新する輸出額

政府・農林水産省が、『強化プログラム』13項目の第4項に採り上げているのが「戦略的輸出体制の整備」です。

政府は2003年頃から日本の農林水産物・食品の輸出促進を図ってきました。

しかし、2008年の世界的な金融危機や2011年の福島第一原子力発電所の事故に伴う海外の輸入規制強化などにより、同輸出額は4000億円台で伸び悩んでいました。

しかし、2013年以降、輸出環境が大きく好転します。

円安に加え、アジア諸国の経済成長を背景に和食ブームが到来したためです。

こうしたなか、アベノミクス「攻めの農業」では、2020年までに日本の農林水産物・食品の輸出を1兆円に増やすことを目指しています（その後2019年に1兆円に前倒しされました）。

図13　日本の農林水産物・食品の輸出額（億円）

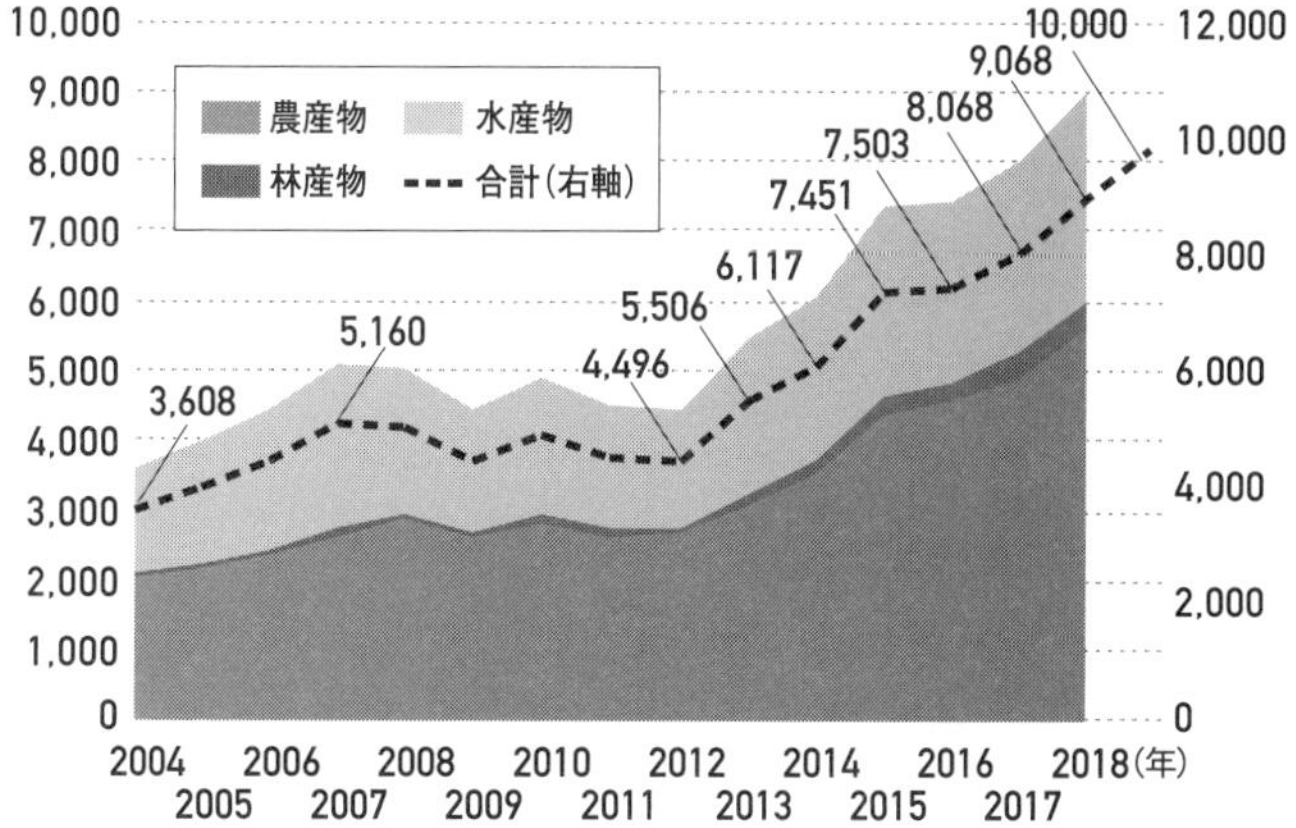

（出所）農林水産省

農林水産省によれば、２０１５年の農林水産物・食品の輸出額は７４５１億円で、前年の６１１７億円から21・８％増加し、３年連続で過去最高を更新しました。

「２０１６年に７０００億円」を達成するという中間目標も前倒しでクリアしました。

さらに２０１６年の同輸出額は７５０３億円で、伸びは鈍化したものの過去最高を更新。２０１７年では８０６８億円（前年比７・５％増）、２０１８年９０６８億円（同12・４％増）と６年連続で過去最高を記録しています（**図13**）。

このうち、農産物が５６６１億円で前年比14・０％増、林産物が３７６億円で同６・０％増、水産物は３０３１億円で同

10・3%増です。特に農産物の伸びが著しく1000億円近く増えています。

国・地域別にはどうでしょう。

輸出額が最も多い輸出先は香港の2115億円（真珠、なまこ、たばこ等）で前年比12・7%増加です。

次が中国の1337億円（ホタテ、丸太、植木など）で同32・8%増。3位が米国の1177億円(アルコール飲料、ぶり、緑茶など)で同5・5%増。4位は台湾(りんご、アルコール飲料、ソース混合調味料など）の904億円、5位は韓国（アルコール飲料、ソース混合調味料、たいなど）の635億円となっています。

❖目標の1兆円には届かない

こうした輸出増加の背景には、政府が農林水産業を成長産業と位置付け、重点品目ごとに数値目標を設定し、国別・地域別に輸出戦略を進めてきたことがあります。この限りでは、アベノミクス「攻めの農業＝輸出戦略」の成果と言いたいところでしょう。

ただ、農水省によると、2019年1〜9月の実績は、前年同期比1・6%増の6645億円にとどまっています。これを年換算すると、1兆円達成は難しい状況です。

中国などの需要の落ち込みが響いているようです。

また、農林水産物の輸出拡大を素直に喜べないのは、輸出の大半を水産物（ホタテ、真珠など）や加工食品（即席めん）が占めていることです。

しかも農産物輸出品の原料の大半を輸入農産物が占めているという構図にあることも問題です。

コメ、牛肉、果実といった素材の輸出は伸びたとはいえ、１２００億円程度しかありません。

さらに、農産物の輸出拡大が、必ずしも農家の所得向上につながっていないのが現状です。

地域別にも、香港、台湾、米国、中国、韓国で、全体の約7割を占めています。

政府は、「戦略的輸出体制の整備」を掲げ、農林水産物の輸出力強化に向け、次のような取り組みを進めていくとしています。

①海外市場のニーズ把握や需要の掘り起こしに向けたプロモーション

②国内の農林漁業者・食品事業者の販路開拓のための、相談や商談会出展等の相談

③大量かつ低コストの輸送を可能にする鮮度保持輸送技術の普及促進等、物流高度化の推進

④輸出先国・地域の輸入規制の緩和・撤廃等に向けた輸出環境の整備

❖輸出のハードルは高い

なお、コメの輸出量を飛躍的に拡大するために農林水産省は２０１７年９月、「コメ海外市場拡大戦略プロジェクト」を立ち上げました。

これは国家戦略として輸出に取り組むものです。「戦略的輸出基地」（輸出用米の安定的な生産に取り組む産地）、「戦略的輸出事業者」（輸出の戦略的な拡大に取り組む事業者）、「戦略的輸出ターゲット国」（中国、香港、シンガポール、米国、ＥＵなど）を特定し、これら3者が連携した個別具体的な取り組みを政府が強力に後押しする仕組みです。

現在、プロジェクトに参加する産地、事業者を募集しています。

２０１９年7月1日時点では、戦略的輸出事業者に70事業者（目標数量合計14万トン）、戦略的輸出基地として２４９産地（法人）と21団体（都道府県単位の集荷団体）が参加しています。

コメの輸出額は近年着実に拡大しているとはいえ、２０１６年で２２１億円、数量では2万４１３５トンに過ぎません。２０１７年が２６１億円、２０１８年３０４億円（3万トン台）まで拡大しましたが、これを２０１９年で６００億円、10万トンにするという目標を掲げているわけですから、かなりハードルは高いと言わざるを得ません。

ちなみに、2019年1~10月までの実績は2万7902トン（262億円）にとどまっています。

確かに、国内のコメ市場が縮小傾向にあるなか、国内の農地約440万ヘクタール（うち、水田は250万ヘクタール）をフル活用して、農業資源（人、農地、水、水源涵養林、地域社会）を維持・保全し、食料自給率を引き上げるためには、長期的に拡大が期待される輸出市場に活路を見出すことが望ましいことには違いありません。

とりわけ、これを輸出事業者の立場から見れば、農家に対し「とにかく、できるだけたくさんコメを作ってください。われわれが海外市場につなぎます」という関係になれば理想的でしょう。海外の食料市場はまだまだ拡大の余地があるのは確かです。

国内の食料市場は、少子・高齢化により縮小傾向にあります。

一方、海外は違います。

A.T.カーニー社は、世界の食料市場は人口増加や経済成長に伴い、2009年の340兆円から2020年には680兆円へ倍増すると予測しています。

農林水産政策研究所の推計によると、2030年の世界の飲食料市場規模は1360兆円となり、2015年の890兆円の1.5倍に拡大することが見込まれることから、この一部を取り込もうということらしいのです。

❖「攻めの農業」の空虚な実態

アベノミクス「攻めの農業」では、農地規模の拡大―6次産業化―輸出拡大がワンセットになっています。

農業の生産性を高め、競争力を強化するためには担い手に農地を集積し、20ヘクタールを超える大規模農家・経営体の数を増やす。

そうした、大規模経営体は、単にコメや果樹、野菜、酪農、肥育牛を生産するだけではなく、加工、流通、販売などの6次産業化を進め、あわよくば輸出に打って出るというものです。

こうした構想そのものは一概に否定されるものではありません。

問題は、この国の構想から外れる中小零細な農業も、否、外れるものこそが日本の農業にとっては重要であることです。

そもそも、私には鳴り物入りでスタートした「攻めの農業」が上手くいっているとは思えません。

確かに、20ヘクタールを超える大規模経営体の数は、2015年時点で1万弱と、2005年からは3倍近くに増えました（2017年農林業センサス）。

とはいえ、20ヘクタール未満の経営体は依然として130万を超え、圧倒的なのです。

6次産業化については、2017年の加工額で1兆924億円、直売額で1兆697億円とそれぞれ1兆円を超えています。

しかし、農水省の調査によると、同省の「食料産業・6次産業化交付金」を活用し、新商品を開発した49事業者について、売り上げ目標に達した商品は、206点のうち2割弱にとどまっている状態です。

原料の確保や、販路の確保、労働者不足が主な要因となっているということです。にもかかわらず、安倍政権は6次産業化の市場規模を当時の1兆円から2020年度（すなわち今年度）に10兆円にする目標を掲げています。

無謀としか言えません。

看過できないのは、このシナリオによって動き出した農水省が所管する官民ファンドの多くが巨額の累損を抱えていることです。

例えば、A-FIVE（農林漁業成長産業化支援機構）の2019年3月末での累積損失は92億円に膨らんでいます。

クールジャパン機構（海外需要開拓支援機構）にいたっては、すでに2018年3月末で、約98億円の累損を計上しています。

他にも目立つところでは、JOIN（海外交通・都市開発事業支援機構）が46億円、J

ICT（海外通信・放送・郵便事業支援機構）が25億円の累損を計上。

ちなみに、A-FIVEは2013年1月、財務省の財政投融資資金300億円と民間出資の19億円を元手に、6次産業関連事業に出資したものです。

関係者の評価は、「官民ファンドなのに農家を育てる気がない」、「6次産業化のスローガンはイリュージョン（幻想）だった」、「農業を支援する公的な組織としては、すでに日本政策金融公庫や農協があるので、そもそもA-FIVEといった新たな組織を作る必要はなかった」など散々です。

政府主導でやればすべて上手くゆくという発想そのものが間違っているのです。

とはいえ、輸出に活路を開くことは、アベノミクス「攻めの農業」においては間違ってはいません。最近の世界的な和食ブームを考えれば、できるだけ国内の食材を利用した「日本の食文化」を輸出し、これら地域にしっかりと根付かせる仕組みづくりこそが重要です。

日本農業にとってみれば、農産物の輸出拡大が最終ゴールではないはずです。

持続的な農産物輸出体制を構築することで、日本の農業資源をフル活用し、地域社会の活性化と持続可能な発展を達成することこそが真に目指すべき姿のはずです。

そのためには、特定の企業的農家だけでなく、日本農業の太宗《たいそう》を占める条件不利地域の中小零細農家の参画が不可欠なのです。

収入保険は安心できるか

さて、さらに政府の『強化プログラム』で、まだ触れていない項目について言及していきましょう。

「収入保険制度の導入」という耳慣れない言葉が『強化プログラム』の第7項目には盛り込まれています。

「収入保険」とは何でしょう。

農業保護に関しては、現在、1947年に戦後農業保護の一環として制定された農業災害補償制度があります。

にもかかわらず、新たに新制度を導入する狙いはどこにあるのでしょうか。

政府は、現行の農業災害補償制度については、問題点があると指摘しています。

そもそも、農業共済組合が農作物（米・麦、家畜、果樹、畑作物、施設園芸）を対象として、自然災害による収量減少を補てんするもので、農産物の価格低下などは、対象外であることが問題です。

このうち農作物は加入が義務付けられ、その他は任意加入とされ、掛け金の半分は国が補てんするもので、価格低下等による収入減など、農業経営全体を一括してカバーするセーフティーネットとなっていません。

❖収入保険制度の仕組み

政府は、「農業の成長産業化を図るためには、自由な経営判断に基づき、経営の発展に取り組む農業経営者を育成する必要がある」と指摘しています。

その上で、収入保険制度はこのような農業経営者のセーフティーネットとして、品目にとらわれずに、農業経営者ごとの収入全体を見て、総合的に対応し得る保険制度として仕組むものと位置付けています。

具体的には、次のような仕組みです。

①対象者は、青色申告（農業経営者の約26％が実施）を5年以上継続していることを加入要件とする。

②対象となる収入は、農業者が自ら生産している農産物の販売収入全体。

③対象要因は、自然災害に加え、価格低下など農業者の経営努力では避けられない農業収

入の減少を補償する。

④補償内容については、農業者ごとに過去5年の平均収入を基本として、当年の営農計画等を考慮して基準収入を設定する。

⑤当該年の収入（年収）が基準収入の一定割合（9割）を下回った場合に、下回った金額の9割を補てんする。

⑥掛け捨ての保険方式と掛け捨てとならない積立方式の組み合わせとする。保険料は掛け捨て部分の50％、積立金（翌年持ち越し可）の75％を国が負担する。

たとえば、農業経営者の基準収入を1000万円として、当該年の年収が700万円に減った場合には、900万円（1000万円の9割）との差額200万円の9割（＝180万円）が補てんされることになります。

100％減収の場合は81％が補てんされます。

❖セーフティーネットの意味をなさない

しかし、これでは、収入保険に加入できる農業経営者を「青色申告者」としていることで、実際には全農業経営体（2015年農林業センサスで138万経営体）の40万経営体程度に対象が限定されることになり、農家全体、ひいては日本農業全体の保険制度としての安定性が崩れることになりかねません。

さらに問題は、基準収入は過去5年の平均であることから、傾向的・構造的に価格低下があれば、肝心の基準収入も底なしに低下していくことになり、セーフティーネットとしての意味をなさないことです。

また、今回の制度導入で、収入保険や従来の収入減少影響緩和策（いわゆるナラシ）が任意加盟であることに倣《なら》い、農作物共済の加入も任意加入に変更されました。この結果、いざ災害という時に、農業共済に加入していない農家があった場合には大変なことになります。

ここにも、政府や日経調の『20年後農業』が指摘するように、政策支援の対象をフロンティア農家に絞ろうとする意図が見えてきます。

この点、田代洋一氏（横浜国立大名誉教授）は、「特殊なケースのために普遍的な制度を犠牲にした法改正と言える」と批判しています。同感です。

米国でも2014年農業法で収入保険が導入されています。基準収入については、直近5年間の最高・最低を除く3カ年の収量と販売価格から算出される点は、日本と同様です。

大きく異なるのは、参照価格（Reference price：従来の目標価格を改称）が別に設定されており、実際の販売価格が参照価格を下回った場合、参照価格で置き換えられる点です。

多国籍種子企業による「種子の世界支配」が強まる恐れ

「主要農産物種子法（種子法）を廃止する法案」が2017年4月、国会で採決されたことは、前にも述べました。

これにより、稲、麦、大豆の優良種子の生産・普及を都道府県に義務付けてきた「種子法」は2018年4月1日をもって廃止されました。

種子法廃止は2016年10月、政府の規制改革推進会議農業ワーキング・グループ（WG）と未来戦略会議の合同会議で初めて提起されました。

同会議で「民間の品種開発意欲を阻害している」との指摘を受け、翌11月に政府・与党が策定した『強化プログラム』に盛り込まれたのです。

そこでは、「戦略物資である種子・種苗については、国は、国家戦略・知財戦略として、民間活力を最大限に発揮した開発・供給体制を構築する」と謳っています。このため、TPP11やEUとのEPA協定発効前に、体制整備に必要な法整備として進められた格好です。

しかし、いかにも拙速《せっそく》な「改革」に問題はないでしょうか。

そこで改めて、種子の世界に何が起こっているのか、日本農業にどのような影響がおよぶのかを考えてみます。

❖世界の耕地の1割でGM栽培

「種子を制するものは世界の食料を制す」と言われています。

現在、日本をはじめアジア諸国では、種子などの「遺伝資源」については、自国の主権的権利が認められています。

農家は、生産に必要な種子は、国内の種苗会社から買うか、地元の農協から買うか、あるいは前年の作物から優れた種もみをとっておき自家採取により手に入れます（**図2参照**）。

しかし、ハイブリッド（雑種1代）種子や遺伝子組み換え（GM）作物が普及するにしたがい、農家が自家採取に取り組みにくい状況になっています。

種子は誰もが自由に利用できた「公共財」から、市場で購入しなければ利用できない「商品」の性格を強めているのです。

バイオテクノロジー作物に関する国際的な啓蒙・普及活動を行っている国際アグリバイオ事業団（ISAAA：アイサー）によると、2017年にGM作物を栽培した農業生産者の

図14　世界GM作物の栽培面積推移（万ha）

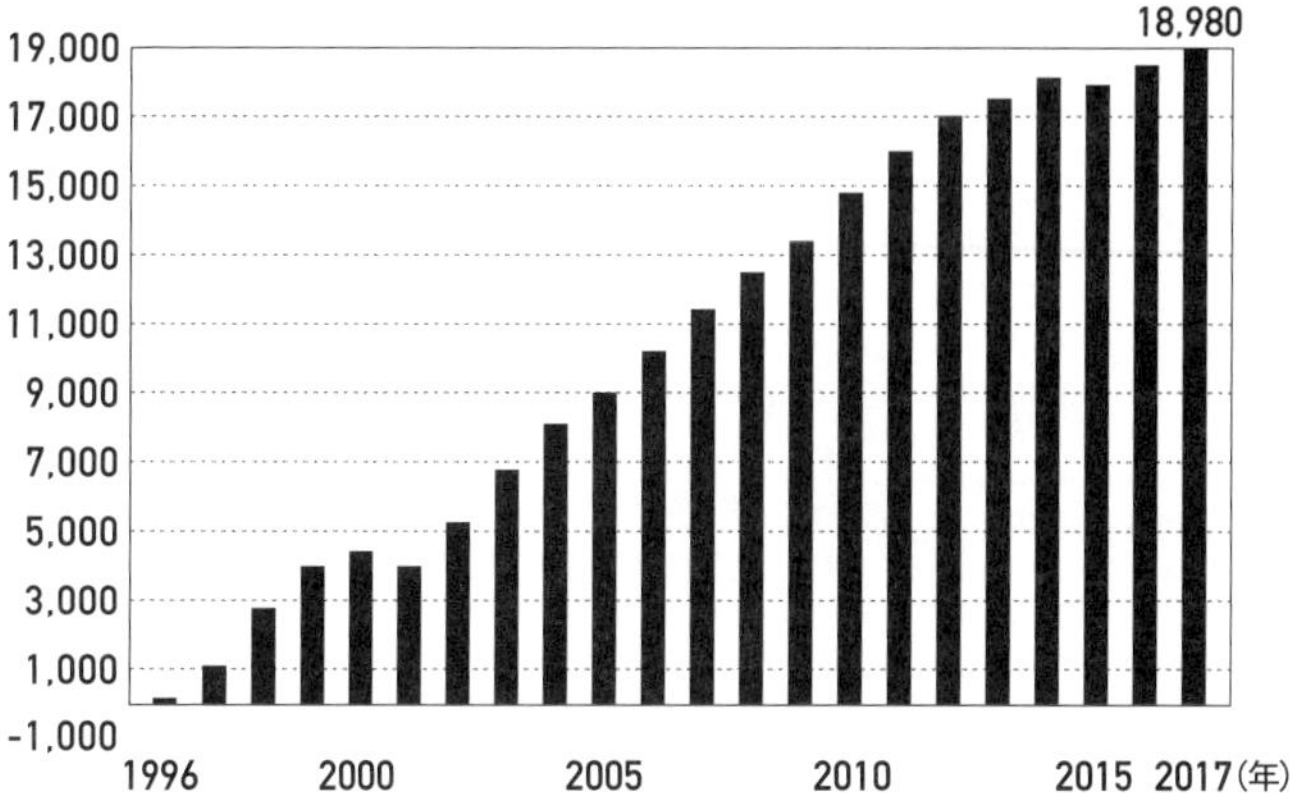

（出所）ISAAA（アグリバイオ事業団）

数は、世界26カ国で１８００万人（その約90%が小規模あるいは貧農です）、栽培面積は１億８９８０万ヘクタールに達しており、２０１６年の１億８５１０万ヘクタールからさらに拡大しました（**図14**）。

世界の耕地面積が約15億ヘクタール台ですから、その１割強の耕地でＧＭ作物が栽培されていることになります。

現在１００万ヘクタール以上栽培している国は、米国（７５００万ヘクタール、以下数字のみ表記）、ブラジル（５１３０）、アルゼンチン（２３９０）、カナダ（１２７０）、インド（１１６０）、パラグアイ（３８０）、中国（２９０）、パキスタン（２８０）、南アフリカ（２７０）、ウルグアイ（１３０）、ボリビア（１３０）の11カ国で、ＧＭＯ総

表4　GM作物の主要国別作付け状況（2018年）

国名	栽培面積（万ha）	栽培作物
米国	7,500	トウモロコシ、ダイズ、ワタ、ナタネ他
ブラジル	5,130	ダイズ、トウモロコシ、ワタ、サトウキビ
アルゼンチン	2,390	ダイズ、トウモロコシ、ワタ
カナダ	1,270	ナタネ、トウモロコシ、ダイズ、テンサイ、アルファルファ、リンゴ
インド	1,160	ワタ
パラグアイ	380	ダイズ、トウモロコシ、ワタ
中国	290	ワタ、パパイヤ
パキスタン	280	ワタ
南アフリカ	270	トウモロコシ、ダイズ、ワタ
ウルグアイ	130	ダイズ、トウモロコシ
ボリビア	130	ダイズ
他15カ国	240	
合　　計	19,170	

（出所）バイテク情報普及会

栽培面積の99％に達します（**表4**）。

この背景には、米国政府の強い支持に加えて、モンサントなどの多国籍アグリビジネスによる熾烈《しれつ》な販売競争がありま す。

そして、

①生産農家の負担を軽減（例えば、農薬散布回数、雑草取り回数の減少）、

②密植（単位面積当たり植え付ける株数を増やす）が可能になるので生産性（単収）がアップし、その結果、単位面積当たり収入が増加する、

③農薬散布が減少することで、より環境に優しい農業、持続的農業に貢献する、

④発展途上国の飢餓・食糧問題を解決する、

―などのメリットが期待されているのです。

❖種子売り上げの7割を占める巨大バイオ企業

すでに、世界の種子の売り上げの約7割は、モンサント（2018年6月バイエルが買収）、ダウ・デュポン、シンジェンタ、リマグレイン、ランドオレイクス、バイエルの上位6社の多国籍アグリバイオ企業が占めています。

それは、知的所有権を盾にした多国籍アグリバイオ企業による「遺伝資源の囲い込み」でもあります。

GM種子をめぐり、現在起こっている多国籍アグリバイオ企業と農業者の対立について、一部学者の間には「新しい植民地主義」、「企業による種子と食物の乗っ取り」、「遺伝資源に対する海賊行為（バイオパラシー）」などと懸念する見方があります。

GM作物の急速な普及に伴うこうした懸念があるため、いまのところ日本や欧州は導入には慎重です。国内での栽培はもとより、GM食品に関しても消費者の警戒心が根強いためです。

特に、消費者団体や学者などは、できるだけ早い段階で検証すべき点として、次のようなことをあげています。

①ＧＭが種の壁を越えて栽培されても問題はないのか（生物進化のための長い時間は何の意味もないことであったのか）。

②環境、生態系への影響はコントロールできるのか。

③実質的に同等だからＧＭ食品には表示の必要もないと本当に言えるのか。

④ＧＭ作物は本当に農薬使用量を減らせるのか、除草剤と除草剤耐性作物開発の悪循環が始まらないか。

⑤栄養成分の変動はないのか。

⑥多国籍種子独占企業が誕生するのか。

種子をめぐる2つのせめぎあい

❖単一栽培と多様性

多国籍アグリバイオ企業による市場支配という問題は、同時に植物の多様性が失われかねないという問題にもつながります。

近年の食糧生産の飛躍的拡大を可能にしている要因は、特定の商品化作物に生産を絞り、大規模化し装置化、機械化、情報化、化学化、バイテク化、すなわち農業生産の工業化をしてきたということに尽きます。

前述したように、近年の農地開発の対象となっているアマゾンなどの熱帯雨林は、多様な生物の宝庫です。

しかし、森林が伐採《ばっさい》され特定の作物が栽培されると、野生の植物と同時に野生の動物も住みかを失ってしまうことは、多くの知るところです。

米国の社会生物学者エドワード・ウィルソンによれば、「人類の歴史を通じて総計

7000種の植物が作物として栽培され、食用として収穫されてきた」のです。

しかし、彼は「今日世界食料の90%を提供しているのはそのなかのわずか20種類の植物であり、しかもその内、小麦、トウモロコシ、コメの3種で全体の半分以上を占めている」と指摘しています（『生命の多様性』岩波現代文庫）。

もちろん、これらの三大作物は、わたしたちの祖先の手が入ることで、その高い単収、栽培の容易さ、味覚、消化の容易さ、貯蔵性、加工性などの面で優位性を強め、作物間競争を勝ち抜いてきたものです。

問題は、この結果、世界の作物栽培がほとんどの場所でモノカルチャー（単一栽培）になっていることです。

何故モノカルチャーが問題なのでしょうか。

単一栽培であればそれだけ管理が容易です。

しかし、作物の多様性の維持という面では、環境変化に対しては極めて脆弱《ぜいじゃく》な構造にあると言えます。

一般に、農業と植物相（植物の種類）との関係では、単純（単一栽培）ほど効率は良くなります。その一方、環境変化に対して不安定です。

逆に、複雑（多様な植物）なほど効率は悪いが、環境変化に対して安定すると言われて

図15　米国の穀物作付面積の推移(単位:千エーカー)

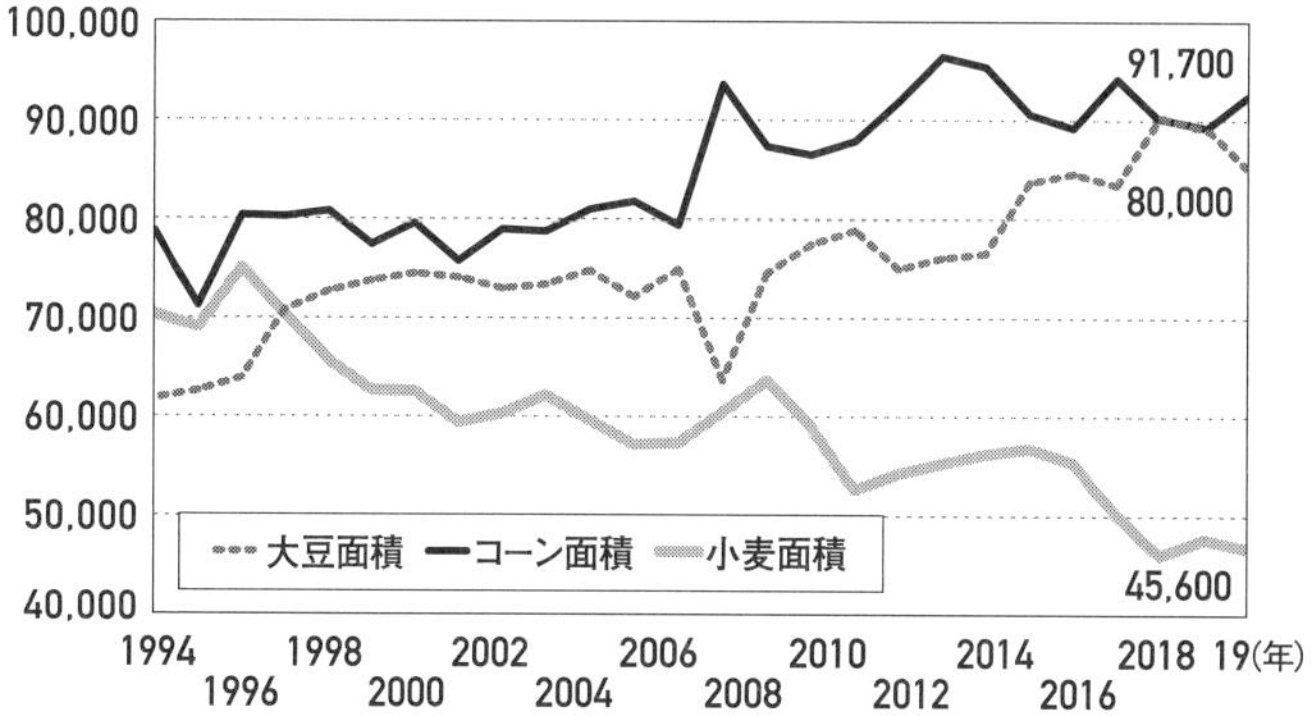

(出所)USDAより筆者作成

います。このため、単純な植相（単一栽培）を作りつつ、同時に安定性を求めなければならないのが農業なのです。

近年では、GMトウモロコシ・大豆など単一栽培に見合った遺伝子作物が開発され急速に普及しています。

典型的なのがアメリカの農業です。

アメリカでは大豆、小麦、トウモロコシの作付面積が近年ドラスティックに変化しています。

米農務省が２０１９年７月に発表した農家の作付面積によると、大豆が８０００万エーカー（３２００万ヘクタール）、トウモロコシが９１７０万エーカー（３６６８万ヘクタール）でした。傾向的に増えているのが見てとれます（**図15**）。

この一方、小麦の作付けは4560万エーカー（1824万ヘクタール）で、実は一世紀ぶりの低水準なのです。

ここから見えてくるものは、今世紀に入って米国で進む作付け転換です。小麦から、より儲かるトウモロコシ、大豆への転換です。

かつてアメリカの中西部穀倉地帯では、小麦、大麦、ソルガム、ライ麦をはじめとする雑穀、牧草など多様な作物が栽培され、気象変化にもある程度耐える農業を行ってきました。しかし、いまや作付け方式は大豆かトウモロコシに特化（単作化）しています。気候大変動の時代に入るなか、それだけ穀物生産は異常気象など環境変化にもろくなっていないか気になります。

❖開発者の権利と生物の多様性の保護

話が傍流に外れてしまいました。遺伝子組換え種子に戻します。

種子などの遺伝情報の世界では、開発者の権利を守ろうとする動きと、一方で、生物の多様性を保護しようとする流れがぶつかり合っています。

前者は、種苗法やUPOV条約（ユポフ：植物の新品種の保護に関する国際条約）に始まり、最近のＴＲＩＰＳ協定（知的所有権の貿易関連の側面に関する協定）にいたる流れです。
後者はＣＢＤ（Convention on Biological Diversity: 生物多様性条約）などによる規制の動きです。

なお、種子法と種苗法は似て非なるものです。

種子法は稲、麦、大豆の３種類の農産物に関し、これらの種子の品質を管理し、優良な種子を安定的に供給することを、すべての都道府県に義務付けてきたものです。

これに対し、種苗法は、品種育成した人の知的財産権を保護することを定めた法律です。すなわち、両者の関係は真逆です。

種苗法は、１９６０年代にヨーロッパ先進諸国で、そして１９７０年代に入って米国で成立したものです。この動きを受けて日本でも１９７８年に成立しました。

当時、遺伝子工学ブームがあり、それに伴い「種子を制するものは食料を制する」といった風潮が世界的に巻き起こったことが背景にあります。

日本は１９７９年、ＵＰＯＶ（植物の新品種の保護に関する条約）に加盟しました。

この条約は、植物の新品種を育成者権という知的財産権として保護するためのものです。

以来、改定が重ねられ、１９９１年の改定では育成者権が大幅に強化されました。

この１９９１年条約を批准した国は、育成者（現在、世界最大の育成者はモンサントです）

の権利を守るため、国内法を整備しなければならなくなりました。

これが「種子法」廃止の背景にある事情です。

この間、米国では着実にGM技術が開発され、1996年に大豆、トウモロコシ、綿花などの商業栽培が開始されて以来、GM作物は急速に普及してきました。

ところで、GM作物が普及すると、単作化が進みます。

このモノカルチャーの傾向に対して、生物多様性の保全、生物多様性の構成要素の持続可能な利用、遺伝資源の利用から生ずる公正かつ平衡《へいこう》な配分を目的に1993年に作られたのがCBD（生物多様性条約）です。

特に、最近は遺伝子組み換え生物など、現在のバイオテクノロジーにより改変された生物（LMO：Living Modified Organism）が多く生み出されるようになったことで、これら改変生物を各国が規制する取り決めとして2000年にバイオセーフティ・カルタヘナ議定書が策定された経緯があります。

2017年12月現在、日本を含め170カ国およびEUが本議定書を締結しています。

権利保護と生物多様性保護をめぐるせめぎあいは、今後ますます熾烈なものとなりそうです。

土地改良を契機とした農村振興こそが重要

❖担い手の主流は家族経営

日本農業の生産基盤の弱体化が止まらないなか、筆者は、食糧確保のためのポイントは、全耕地を視野に入れた農地制度の見直しにあると見ています。

政府の「攻めの農業」による農地集積、6次産業化、輸出倍増に異論はありません。しかし、これら経済的価値を追求可能な地域は、ごく一部の平地の大規模農業に限られます。

問題は、日本農業の大半を占める中山間地での生業《なりわい》的な農業を、どう評価し保全していくかです。

これら生業的な農業を抜きにして「攻めの農業」はあり得ません。なぜなら、「まるごと」と「全体」でも述べたように、すべてがつながっているからです。農業の場合、「いいとこどり」ということはできません。

この点、私が評価しているのは、農林水産省のなかでも農村整備局の取り組みです。同局による「新たな土地改良長期計画」（以下、『新たな長計』）が2016年8月に閣議決定されました。

私も農林水産省の農業・農村振興整備部会の専門委員として議論に加わっただけにこの『新たな長計』には強い思い入れがあります。

❖生産と生活が一体となった農村

土地改良事業は、自然資本である「水」と「土」に直接手を加え、農業生産の基盤としての社会資本を整備・管理するものです。

その際、地元農業者を中心に農地の保全を行っているのが土地改良区です。

これまで全国に張りめぐらされた農業水利施設は約40万キロメートル（地球10周分）におよびます。こうした水利インフラが、全農地面積の3分の2に当たる約300万ヘクタールの農地に安定的にかんがい用水を供給しているのです。

『新たな長計』は、土地改良事業が生産と生活の場が一体となった農村における産業政策と地域政策の両面を担うものです。

「豊かで競争力ある農業」を産業政策の課題として掲げ、高収益作物への営農転換や農産物のブランド化など、地域の強みを活かした既存の社会資本の高機能化を推進すると謳っています。

こうしたハード面の整備だけでなく、地域政策というソフト面の視点からは、農業・農村の有する多面的機能を維持・発揮させるため「豊かで競争力ある農業」を実現するための環境を整えるとしています。

最近の激甚化する災害に対応しうる「強さ」と「しなやかさ」を確保する必要があるという思いがあります。

そこでは、土地改良事業の特徴を最大限に活用し、多様な人々が関わり合いながら、農村の社会資本、自然資本、人的資本が一体となった農村協働力を深化させることの重要性が強調されています。

❖「まるごと」保全すること

繰り返しになりますが、ここでも強調したいのが「まるごと」という言葉です。

日本の農業を考える場合、「まるごと」ということが重要です。

哲学者の鶴見俊輔氏によれば、「まるごと」と「全体」とは異なります。「全体」はあくまでも均質集合としての意味で、その構成要素の相互関連性は薄い、と言えます。

これに対し、「まるごと」は、その構成要素が相互に結びついて、人間の手・足・指・頭・目などがそれぞれ有機的に働くイメージです。

農村（地域社会）においては、これまで農地、水、水源涵養林、農業者、地域住民といった構成要素が、「全体」としてではなく「まるごと」として有機的に働いてきました。それを維持・保全してきた最大要素が稲作農業です。

同時に、零細な農家にも目を配った農協組織であることを忘れてはなりません。拙速な農業改革を進めれば、食料生産力はもとより、もはや国土を「まるごと」保全していく機能が決定的に失われてしまうことにもなりかねません。

すべてがつながっているという意味では、酪農をはじめとする畜産農家が地域でしっかり存続していくことは、「食料安全保障」の面で欠かせません。

特に、酪農は、中山間地など条件不利なところで家族経営によって営まれているケースが多く、それが自然景観の保全、水源の涵養、生物多様性の維持、ひいては国土保全や地域経済の安定にも貢献することにもなるのです。

土地改良制度の見直しは「平成の農地改革」？

アベノミクスの「攻めの農業」では、どうしても農業規模の拡大を達成したいらしいようです。

とはいえ、「10年で担い手（主に認定農業者）に農地面積の8割を集積する」という政府の目標を達成するためには、毎年15万ヘクタールの農地流動化が必要になります。この実行のために2014年に創設されたのが農地中間管理機構（通称、農地バンク）です。

しかし、制度創設から農地バンクによる転貸実績は4・5万ヘクタールでしかありません。農地バンクによる3年経った2016年度時点での実績は4・2万ヘクタール、4年目の2017年度で4・5万ヘクタールにとどまっており、440万ヘクタールの農地面積の8割（355万ヘクタール）を担い手に集約させるのは容易ではありません。

もっとも、小規模零細農家が離脱し、農地面積自体が縮小すること（すなわち、担い手に集約した農地面積に対して、分母となる全農地面積が小さくなる）を前提にしているならば話は別ですが。

担い手への農地集積率は、北海道が9割以上で高く、関東、東海、近畿で3割台と低いなど、地域で大きな差があることも気がかりです。

農地バンクの実績を高めるために、担い手が借りたがらない未整備の農地や、貸し手も基盤整備の費用負担までする気はない農地の、長期賃貸借の負担ゼロを促進するために導入されたのが「土地改良制度の見直し」です。

❖新設された農地バンクの農地整備の制度

政府は『強化プログラム』の8項目で「真に必要な基盤整備を円滑に行うための土地改良制度の見直し」をあげています。どういうことでしょう。

これは、「農地中間管理機構（農地バンク）が借り入れている農地の整備（基盤整備事業）については、農業者からの申請によらず、都道府県営事業として、農業者の費用負担や同意を求めずに実施することができる」制度を新たに創設する、というものです。

これまでは、事業に参加する資格を有する農業者の負担と、3分の2以上の同意が必要でした。しかし、制度見直しによりこれを不要としたのです。

共有地における事業同意者の代表制、申請人数要件の廃止、突発事故への対応については、

2016年8月に、「土地改良法」を「改正」する狙いがあります。

全国に耕作放棄地が40万ヘクタールを超えて拡大するなか、この「法改正」は、所有者が費用負担することが困難な農地を、公的な負担で基盤整備することを可能にするものであり、時代の流れに沿った改正という印象はあります。

確かに、農地は、それを所有する農業者の私有財であると同時に、公的な費用が投入された公共財でもあります。

その公共財が公共財として適正に利用されない場合には、何らかの対処が必要である、という考えはそれなりに理解できます。

❖所有者の「同意なし」で整備が進む

しかし、農地バンクがその実績を上げるために、所有者の「同意なし」に基盤整備を進めていった場合、財産権の侵害にならないのでしょうか。

この点、先に取り上げた日経調の『20年後農業』は、「農地を真に担い手に集約し、大規模経営を実現するためには、農地所有の自由化とともに農地利用の適正化を図らなければならない」と指摘しています。

そして、「農地の所有は自由であるが、その利用にあっては効率的利用がなされていない場合、固定資産税等の課税評価を変更するなどして、実質的に課税を強化し、周囲との耕作の一体化を図るべきであろう」とまで踏み込んでいます。これは、かなり過激な考えです。穿《うが》った見方かも知れませんが、この主張の背後には、農地を有効利用できるのは農業外部の大資本や意欲のある先駆的（フロンティア）農家に集約すべき、との思想が透《す》けて見えます。

なお、農業関係者の間では、1980年代に入って農産物の市場開放の次には、農地所有の自由化を迫られる時がやってくるとの懸念が抱かれていました。

経済界より、「農業に新しい血を」とか「やる気のある人に農地を」といったスローガンが盛んに発せられていたためです。

安倍自民党が2012年の衆院選で大勝利した際、農業政策について「平成の農地改革を行う」と言っていたのはこういうことなのかと、改めて考えさせられます。

土地改良区の体制をめぐる課題

ここで改めて、農地制度と土地改良区について触れておくことにします。

農業水利施設などの整備・管理を行うことで、地元農業者を中心に農地の保全を行っているのが土地改良区です。

これまで全国に張りめぐらされた農業水利施設は約40万キロにおよび、全農地面積3分の2に当たる約300万ヘクタールの農地に安定的にかんがい用水を供給しています。

しかし、農林水産省がまとめた「今後の土地改良区の在り方について」によれば、土地改良区の数は、合併などによりこの40年で半減し、2016年末で4585地区まで減少しています。

かつて500万人を超えていた組合員数も現在は359万人まで減っています。

これでは、たとえアベノミクス「攻めの農業」が力こぶを入れて企業農業を支援しても、肝心の水が得られないということになりかねません。

❖浮かび上がる土地持ち非農家の問題

土地改良区の組合員の構成を見ると、地域によって差はあるものの自作地6割強で貸借地が4割弱となっています。

問題となるのは土地持ち非農家の所有地です。

土地持ち非農家は土地改良事業への関心が薄く、耕作者の負担が増す恐れがあります。

負担は金銭面だけではなく、農道の舗装、水路の泥上げ・見回り、水田の法面《のりめん》の草刈りなどの夫役も伴います。

「所有の魔術は砂を化して黄金となす」という言葉どおり、耕作者がみずから農地を所有していた時代は、耕作者の増産意欲が強く、こうした問題が生じることはありませんでした。

農地を所有してこそ耕作者は創意工夫して、徹底的に利用しつくすという考えからです。

これを自作農主義と言います。

❖自作農主義から借地主義へ

戦後まもなく作られた農地法は、家族経営の自作農を前提としていました。

農村社会も戦前の不在地主・地主を頂点としたヒエラルキー（階層）的な構造から、1ヘクタール前後（北海道は4ヘクタール前後）の均質的な自作農によるフラットな構造へと180度転換しました。

農地の所有についても、野放図にそれを許せば戦前のような地主制を復活させてしまうという恐れから、農地の所有や利用にさまざまな制約をかけることにしたのです。

しかしその後、農業をめぐる情勢は大きく変化し、農地制度はたびたび見直されることになりました。

1960年代に始まった高度経済成長で農村から若い労働力が「金の卵」として都市部に流出するとともに、農業技術の進歩で生産性が向上したため、農地を集約して農業の大規模化を図る必要が出てきたためです。

1962年の農地法改正では、農業生産法人が誕生し、農地信託制度が誕生しました。それまでは家族経営の農家にのみ農地の所有と利用が許されていましたが、この改正により、農業生産法人にも所有と保有が認められることになったのです。

その後、高度経済成長のなかで農家戸数、農業就業人口、農地面積のいずれもが大きく減少していくなかで、1970年に農地法は再び改正され、賃貸借による農地の流動化など、規模の規制が緩和されました。

一時、農地の売買による規模の拡大が模索されましたが、その改革は頓挫していました。

１９７０年の改正は、借地（リース）という手法で規模の拡大を進めようとするものでした。

当時の脱法的な借地の小作、いわゆる「ヤミ小作」の増加という現実を追認するような改正であったと言えます。この１９７０年改正を契機に、日本の農地制度は、戦後の自作農主義から借地主義へと大きく舵を切り換えていくことになります。

それでも農地の流動化（権利移動）は思うように進みませんでした。

先祖代々の農地に対する思い入れもさることながら、農地価格の上昇が期待されたからです。

１９８０年には「農用地利用増進法」（１９９３年に「農業経営基盤強化促進法」と改称）が制定されました。

これは、農地法そのものには手をつけず、農地の流動化を進めようとしたものです。しかし、農地法と農用地利用増進法が併存することで、農地制度はかえって複雑なものになってしまいました。

今後、日本の農業は、少数の担い手（大規模企業農家）と兼業を含む多数の小規模農家に二極分化していく傾向にあります。

とすると、農地制度をめぐる問題はますます複雑化・多様化することが予想されます。

前者は市場メカニズムを基礎に経営を拡大するのに対し、後者には個を管理する地域共同体的な性格が残るためです。

農地・水という農業生産基盤の脆弱化を防ぐには、両者がどこかで折り合いをつける必要があります。

❖中山間地に見合う農業

農地の集積が足踏み状態にあるのは、対象が平地など条件の良いところから中山間地など条件の不利な地域におよんでいるためとみられます。

こうした地域では、離農する農家は増えても、それを引き受ける担い手農家は少ないのです。

このため自給的農家を含む小規模農家が依然として多く、大規模経営体と小規模農家の二極分化や「土地持ち非農家」も増えています。

こうした状況下で、80％の農地を担い手に集中していくことが果たして可能なのでしょうか。規模を拡大し大型機械化による労働生産性の向上を目指す方向での農業構造改善はいまや限界に近づいたとも言えるでしょう。

今後、農政は視点を変え、中山間地域の自然に見合った小規模農家による「複合経営」を支援すべきではないでしょうか。

条件不利な地域においては、いたずらに経営規模を拡大し労働を粗放化するよりも、経営を内向きにして、稲作を核に畑作、果樹、畜産など複合化する、そして、そこに新技術を導入することで地域の農業・農村ひいては国土保全を目指すべきです。いわば「伝統にもとづく農業改革」の推進です。

飯沼二郎の「伝統にもとづく農業改革」

ここで思い出すのは、筆者が学生時代に読んだ飯沼二郎（京都大学教授当時）の『風土と歴史』や『農業革命論』です。

改めて、本棚を探って日焼けして茶色くなったこれらの本を取り出し読んでみました。

彼は、世界中に赴き、フィールドワークのなかで世界の農業パターンを「湿潤地帯の除草農業」と「乾燥地帯の保水農業」に2分します（図16）。

その上で、彼はエミール・ヴェルトの『農業文化の起源』（岩波書店）に倣《なら》い、次のように農業の発展と伝搬について分析しています。

農業は、まず気候的に最も恵まれていた熱帯地方で鍬《くわ》農耕として発達し、次いで、気候的にはより恵まれていない温帯地方に農業を広めていく過程で、犂《すき》農耕として発達していった。

そして技術が発達し、資本が蓄積されてくるにしたがって、人類はしだいに生産の場を乾燥地帯から湿潤地帯へと進めていった、と指摘しています。

図16　世界の農業パターン

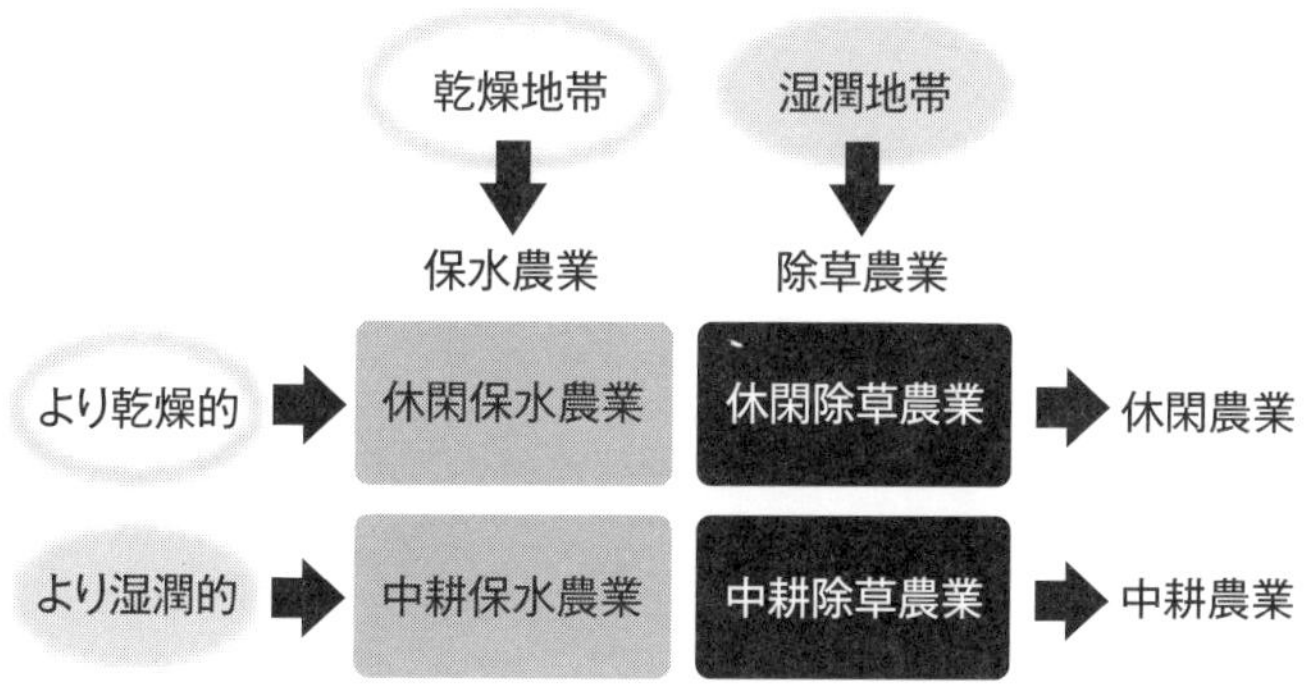

（出所）飯沼二郎「風土と歴史」

乾燥地帯の、犂は主として地面からの水分の蒸発を防ぐために土を浅く耕し、地中の毛細管現象を切断するために用います（中耕保水）。これに対して、湿潤地帯では犂は主として雑草を除去するために土を深く耕し、かつそれを反転するのに用いられる（中耕除草）と指摘しています。

ちなみに、中耕とは作物と作物の間の土を耕すことです。

❖中耕農業の発展は労働集約化を目指す

ヨーロッパやアメリカのような乾燥地帯の農業では、土地生産性が低いため地力《ちりょく》維持のために休閑《きゅうかん》する必要があります。

こうした休閑農業では農地を広げて機械を導入し労働粗放的にすればするほど経営は効率化します。

そこでは特定の儲かる作物に集中するモノカルチャー（単作化）が必然となります。

これに対し、日本のような湿潤地帯（中耕除草地域）では、土地面積を拡大するよりも労働の投下を増大する方が経済的に合理的です。

すなわち、休閑農業における発展方向が労働粗放化の方向を目指すのに対して、中耕農業における発展方向は労働集約化を目指す、と喝破《かっぱ》しました。

ただし、中耕農業は、労働集約的にすればするほど、農作業の繁閑の差が大きくなるので、それを平準化するために複合経営のようなかたちで経営を複雑化させざるを得ない、ということも忘れませんでした。

❖農業基本法は真の近代化ではない

このような考えに基づき、飯沼二郎は、戦後の特に1961年の農業基本法による農業近代化は、乾燥地帯のアメリカやヨーロッパ農業を目指すものであり、湿潤地帯という日本の農業にはそぐわないものであるとし、「農業基本法の農業近代化は真の近代化ではない」と主張し続けたのです。基本法農政は、アメリカ農業をモデルとする単作・機械化・大規模経営こそ「近代化」とする一方、アメリカから安い農産物を輸入することこそが「経済的」だとする考え方です。

それは、当時の高度経済成長に必要な工業労働力を農村から誘い出すためのものであり、工業製品を輸出するためのものでした。

当然彼の主張は、農政に受け入れられるものではありませんでした。

確かに、農業近代化を推進するエンジンとなった農業構造改善事業というものは、日本の風土・自然をさて置いて、規模拡大→大型農業機械の導入→余剰労働力の排出といった方向で進められてきたものであり、現在のアベノミクス「攻めの農業」もその方向に拍車をかけるものと言えるでしょう。

しかし、自然を無視した近代化がいたる所で限界を見せていることは確かです。

今後は、それぞれの地方の「自然の額縁」のなかで、いかに農業を合理化・近代化するかという逆転の発想が必要ではないでしょうか。

特に、農業は、農村という場で営まれるものであり、そこにある農村地域社会と不可分であることを再認識すべきだと思います。

❖地域レベルと営農レベルを分けて考える

農業経営には、社会的生産単位と私的収益単位という2つの性格があります。

新技術の導入も、鳥獣害の対策や農業水利システム、ため池防災支援システムといった地域レベルでの導入と、末端の圃場での水管理や栽培管理といった個々の農家の営農レベルでの導入を分けて考える必要があります。

このうち、国が支援するのは地域農業の振興の観点から公益性の高い技術を中心にし、収益性に関わる技術は民間企業あるいは個別経営の投資に任せるべきです。

政府が2018年6月に閣議決定をした、「未来投資戦略2018と財政運営と改革の基本方針（「骨太方針2018」）」では、農業のスマート化で労働生産性が向上すれば、農業者の所得も向上するとの見方を打ち出しています。

しかし、労働生産性は、新技術の導入で増えた固定資本の利用度を高めてこそ収益性につながり、農業所得と結びつき得るのです。

そのためには、どのような土地利用の方式を形成していくかということが、農業者の念頭になければなりません。

この点、私が専門委員として加わっていた農林水産省の農業農村振興整備部会は、新技術の導入に関して、2つの方向を重視しています。

1つは、担い手（個別経営）を支える生産基盤の在り方という視点です。

もう1つは、それと同時に、多様な主体が住み続ける魅力ある農村社会の構築に向け、農村協働力を醸成する契機としての役割に新技術の導入を期待していることです。

スマート農業化が、平坦地のみを対象に、農業外部の企業による参入にとどまり、条件不利地の零細農家の切り捨てになってはなりません。

社会的生産単位を支える草刈りロボット

平成の世30年間を振り返ってみると、日本の農業は後半の15年間で激変しました。

1990年代前半には11兆円を超えていた農業産出額は、2000年代に入って8兆円台まで約3割減少しました（2017年の農家産出額は9兆円台に回復したものの、野菜、畜産のいずれも農家数や耕地面積は減少しています）。

米の生産額が3兆円台から1・5兆円へと半減したことが大きいと言えます。

一方、野菜の生産額は2兆円台を維持していますが、雇用型農業の典型である野菜は、いまや外国人労働者に依存せざるを得なくなっています。

農業の弱体化が顕著を極めていることは、すでに確認してきました。

こうしたなか、「骨太方針2018」では、農業分野でもAI（人口知能）やロボット、IoT（モノのインターネット）、ビッグデータなど、ICT（情報通信技術）を活用した変革を謳っています。

農業のスマート化は、競争力強化を加速するために有力なツールに違いはありません。それだけに農業界の期待も大きいのです。とはいえ多くの課題もあります。

❖スマート化で生産性は向上するか

農業経営には、社会的生産単位と私的収益単位という2つの性格があります。

新技術の導入も、鳥獣害の対策や農業水利システム、ため池防災支援システムといった地域レベルでの導入と、末端の圃場での水管理や栽培管理といった個々の農家の営農レベルでの導入を分けて考える必要があります。

このうち、国が支援するのは地域農業の振興の観点から公益性の高い技術を中心にし、収益性に係る技術は民間企業あるいは個別経営の投資に任せるべきです。

「骨太方針２０１８」では、農業のスマート化で労働生産性が向上すれば、農業者の所得も向上するとの見方のようです。

しかし、労働生産性は、新技術の導入で増えた固定資本の利用度を高めてこそ収益性につながり、農業所得と結びつき得るのです。

そのためには、どのような土地利用の方式を形成していくかということが、農業者の念頭になければなりません。

繰り返しになりますが、農林水産省の農業農村振興整備部会は、新技術の導入に関して、2つの方向を重視しています。

1つは、担い手（個別経営）を支える生産基盤の在り方という視点です。

もう1つは、それと同時に、多様な主体が住み続ける魅力ある農村社会の構築に向け、農村協働力を醸成する契機としての役割に新技術の導入を期待していることです。

スマート農業化が、平坦地のみを対象に、農業外部の企業による参入にとどまり、条件不利地の零細農家の切り捨てになってはなりません。

❖草刈りは杖をついてはできない

高齢の農業者がリタイアを決心する主な理由は、鳥獣被害に加え田んぼの草刈りだと言われます。

「田んぼの見回りは杖を突いても行けるが、草刈りはそうはいかない」。

以前、農林水産省・農業農村振興整備部会で島根県の現地調査に参加し、出雲市佐田町の中山間地農業を訪れた際、印象に残った言葉です。

「未来サポートさだ」は、地元の8つの集落営農組織が連携し、地域農業の活性化を目的に2012年に設立された会社です。

高齢化、後継者不足という問題に対し、そば、なたね、大豆などの生産、野菜の集出荷、農産加工品の製造・販売に加えて、草刈りなどの受託を行っています。

なかでも、「後方支援」と「耕作放棄」防止を兼ねたオペレーター組織の「耕放支援隊」は、草刈りロボットにより、約90ヘクタールにおよぶ分散された棚田や畑の草刈り作業を受託しています。

デンマーク製だという草刈りロボットが、オペレーターの操縦により棚田の急な法面《のりめん》に沿って駆動すると、硬く生い茂った雑草がたちまち粉砕されていきます。確かに、これが普及すれば、日本農業が抱えた草刈りという難問は容易に解決するとすら思えました。

しかし、話を聞くと問題はそう容易ではありません。

現在日本に導入されている草刈りロボットは、外国製で1台400万円もするうえ、故障した場合にはパーツの取り寄せに1カ月はかかるとのこと。

日本の農機メーカーは採算が合わないのか手をあげようとしないそうです。

これはおかしな話です。

いまや農業分野でもＡＩ（人口知能）やロボット、ＩｏＴ（モノのインターネット）、ビッグデータなど、ＩＣＴを活用したスマート農業への期待が高まっています。

前述したように、農業経営には社会的生産単位としての性格と、私的な収益を求めていく性格の2つがあります。

草刈りや鳥獣被害対策という共通の課題を解決する技術は、社会的生産単位としての農業を支える技術であり、真っ先に行政が支えていかなければならないと思います。

日本の農機メーカーが草刈り機を作ることはCSR（企業の社会的責任）にもつながるはずです。

成長指向と持続可能な農業

最近「持続性」、「持続可能性」という言葉が飛び交っています。政治家や経済人の背広の襟に、17角形のそれぞれの目標ごとの色で彩られた大きなバッジが輝いているのを見かけるようになりました。

わたしにはいかにも、問題・課題に取り組んでいますとの「やっている感」が漂っていて些《いささ》か胡散《うさん》臭さを感じるのですが、これがＳＤＧｓ《エスディジィーズ》のバッジです。

ＳＤＧｓとは、持続可能な開発目標（Sustainable Development Goals）のことで、２０１５年の国連サミットで採択されたものです。

国連加盟１９３カ国が２０１６年から30年の15年間で達成すべき目標として、17の国際目標を掲げています。具体的には、①貧困、②飢餓、③保護（すべての健康と福祉を）、④教育、⑤ジェンダー、⑥水・衛生、⑦エネルギー、⑧成長・雇用、⑨イノベーション、⑩不平等、⑪都市（住み続けられるまちづくり）、⑫生産・消費（つくる責任・つかう責任）、⑬気候変動、⑭海鮮資源、⑮陸上資源、⑯平和、⑰実施手段、です。

胡散臭さを感じると言ったのは、経済成長や利益追求が至上命題である政府や企業が、こうした社会問題にどこまで本気で取り組むつもりなのか、疑問に思うからです。

❖水田らしい水田

農業も例外ではありません。

中山間地における急速な人口減少、超高齢化、荒廃農地の増加に加え、農業水利施設の老朽化も進行しています。

農水省によれば、2016年時点で基幹施設のうち、すでに標準耐用年数を超過した施設は2割を占めます。

水田も貴重な農業資源です。

ところで、水田らしい水田、とはどういうものでしょうか。

先にも触れた農業経済学者の飯沼二郎によれば、次のような「構造」と「はらわた」を備えたものが、水田らしい水田です。

「盛り土の部分がどんなに急傾斜になっても絶対に崩れない畔《あぜ》」

「水漏れを充分に支える耕盤《こうばん》」

「耕盤に密着して四方にめぐらされた畔の内側に水平にならされた耕土がある」

このようにして作られた水田も、もし1年間、耕作を放棄すれば、たちまち元の原野に戻ってしまいます。

高温多湿な日本の夏は、土壌の有機質の分解は活発であり、激しい降雨がそれらを急速に流失させます。畔も崩れて耕盤も緩みます。

雑草の除去を1年怠れば、その後の除草は極めて困難となります。

❖スマート農業が生み出す二極分化

何度も繰り返しますが、アベノミクスの「攻めの農業」は、大規模化や担い手への農地集積という方向に、ＡＩ（人工知能）やＩｏＴ（モノのインターネット）など、スマート農業を導入し、競争力を高めることで持続可能な農業が達成できるとの考えです。

しかし、こうした成長戦略を突き詰めていくと、大規模農家と小規模農家に二極分化が進みます。

新しい農業の展開についても、すでに、次のような二極化が見られるようになっています。

1つは、スマート農業の実装が進む東日本と遅れている西日本です。

もう1つは、平地農業と条件の不利な中山間地農業での農地集約の度合いです。スマート農業の導入は、競争力強化を目指す大規模農家にとっては、生産性を上げて収益力を高める手段となるでしょう（それもコストとの兼ね合いですが）。

一方、持続性という観点では、中山間地の小規模農業においても、ロボット草刈り機や自動走行農機の実装化など、社会的な課題を解決する手段としてスマート農業を導入する、という視点も必要だと私は考えます。

「骨太方針2019」と令和時代の農業

アベノミクスの本質は「期待値の操作」にあるとする批評家もいます。「三本の矢」、「新三本の矢」と、これといった成果が出ぬうちに最近はソサエティ（Society）5・0だと言います。

これは「骨太方針2019」のなかで取り上げられている言葉です。

直近の2019年6月21日に閣議決定した「経済財政運営と改革の基本方針2019」「骨太方針2019」）とは何か。

副題には、〝「令和」新時代：「Society5.0」への挑戦〟として、

①成長戦略実行計画をはじめとする成長力の強化、
②人づくり革命、働き方改革、所得向上等の推進、
③地方創生の推進、
④グローバル経済社会との連携、
⑤東日本大震災からの復興、

の取り組み方針が示されています。

そして、経済再生と財政均衡化の好循環を目指す、とされています。

ですが、全体で90ページを超える報告書のなかで、農業について触れられているのは、③地方創生の推進のなかの2ページ弱に過ぎません。

そのわずかな紙面で一体何が語られているのでしょうか。

❖空疎な言葉ばかりが躍る

「骨太方針2019」では、農林水産業の活性化に向けて、「農林水産業全般にわたる改革を力強く進め、農林水産業を成長産業にしつつ、美しく伝統ある農山漁村を次世代に継承し、食料安全保障の確立を図る」ことを政策目標に掲げています。

そして、この達成に向け、「農業者の所得向上を図るため、農業者が自由に経営展開できる環境の整備と自らの努力では解決できない構造的な問題を解決していく」と宣言しています。

一見して勇ましい言葉が並んでいますが、中身は考えられるキーワードを寄せ集めたもので、いかにも空疎《くうそ》です。

この報告書は一体誰に向けて書かれたものなのでしょうか。

農業者（政府が日本農業の将来を託す「担い手」であって、大多数を占める中小規模の農家ではありません）はこの部分を読んで、果たしてどれだけ理解できるでしょうか。

また、この宣言を読んで、具体的にはどのように身を処したらよいのでしょうか。

言葉ばかりが踊っています。

官僚による官僚のための作文といった印象が強い。

安倍政権は、「令和時代の新しい日本の在り方」を農業分野においても示そうとしたのでしょうが、地に足が着いていない感は否めません。

❖次期基本計画の策定で問われるもの「地域政策」へ舵の切り換えを

農林水産省では2019年9月から、新たな「食料・農業・農村基本計画」の策定に向けた議論が進んでいます。

基本計画は、今後10年程度先までの施策の方向性を示しつつも、農政を巡る情勢変化および施策の効果に関する評価を踏まえ、おおむね5年ごとに見直されることになっています。

2015年3月に策定された現行の基本計画は、農業や食品産業の成長産業化を促進する「産業政策」と、多面的機能の維持・発揮を促進する「地域政策」を車の両輪として、食料・農業・農村施策の改革を着実に推進すると謳っています。

そこでは、2025年度に向けて食用米の生産752万トン、農地面積440万ヘクタールの維持、食料自給率（カロリーベース）45%など、さまざまな数値目標も示されています。

しかし、足元の食用米生産は732万トン（2018年）、農地面積439・7万ヘクタール（2019年7月）、食料自給率37%（2018年度）と目標はほぼ意味がなくなっています。

筆者の関心は、こうした状況下、新たな基本計画ではどのような数値目標、達成年次を掲げるのだろうかという点です。

現実と目標との大幅な隔たりがなぜ生じたのか、真摯な分析と抜本的な検討が必要です。

安倍政権のやり方は「高い数値目標」を掲げ、あたかも「やっている感」を示しつつ、実現が不可能になると言葉を変えて「次の新たな目標を掲げる」のが常套手段です。

しかし、もはや単なる期待値として目標を掲げることは許されません。

そもそも基本計画は、1999年に制定された「食料・農業・農村基本法」によって政策の枠組みが定められています。

そこでは、「食料の安定供給の確保」、「農業の多面的機能の発揮」、「農業の持続的な発展」、

「農村の振興」の4つの政策理念が掲げられています。

しかし、これらは相互に矛盾する面も多いと言えます。

特に、規模拡大により農業の競争力を強化し、産業として持続可能なものにすることで農村の活性化を日指すという「攻めの農業」は、自給率の向上や多面的機能の発揮にはつながりません。

「産業政策」重視、特定の企業的農業を重視するのではなく、中山間地域を含めた多様な農業経営を重視する「地域政策」へと舵を切り換えることを検討すべきと考えます。

ソサエティ5・0とは何か

そもそも「ソサエティ5・0」（Society5.0）とは何でしょうか。

この言葉は、内閣府が「未来投資戦略2017」を策定する際に、「長期停滞を打破し、中長期的な成長を実現していく鍵」として初めて用いたと記憶しています。

狩猟社会（ソサエティ1・0）—農耕社会（ソサエティ2・0）—工業社会（ソサエティ3・0）—情報社会（ソサエティ4・0）に続く、人類史上5番目の新しい社会を指すものだそうです。

そこでは、新しい価値やサービスが次々と創出され、社会の主体たる人々に豊かさをもたらしていく社会のことだそうです。

背景には、近年急激に起きているIoT（モノのインターネット）、ビッグデータ、AI（人工知能）、ロボット、シェアリングエコノミーなどの新技術（イノベーション）があります。

「ソサエティ5・0」とは、これら新技術をあらゆる産業や社会生活に取り入れることにより、さまざまな社会課題を解決することができる、超情報化社会という想定だと思われます。

敢えてコメントをする気もありません。

❖スマート農業への期待

当然、安倍政権においては農業分野においてもスマート農業への期待は大きいものがあります。

「骨太方針２０１９」では、「農業新技術の現場実装推進プログラム」に基づき、「制度的課題への対応も含めた技術実装の推進によるスマート農業の実現等により競争力強化をさらに加速させる」と謳われています。

２０１８年６月に閣議決定された「未来投資戦略２０１８」では、「２０２５年までに農業の担い手ほぼすべてがデータを活用した農業を実践」するなどのＫＰＩ（Key Performance Indicator：重要業績評価指数）を掲げ、地域の基幹産業である農業の生産性を抜本的に高めていくとしています。

農林水産省によれば、農業のあらゆる現場において、ＩＣＴ（情報通信技術）機器が幅広く導入され、栽培管理等がセンサーデータとビッグデータ解析により最適化され、熟練者の作業ノウハウがＡＩにより形式知化され、実作業がロボット技術等で無人化・省力化されます。

こうした現場を、データ共有によるバリューチェーン全体の最適化によって底上げするス

図17　スマート農業技術の研究開発・実用化の状況

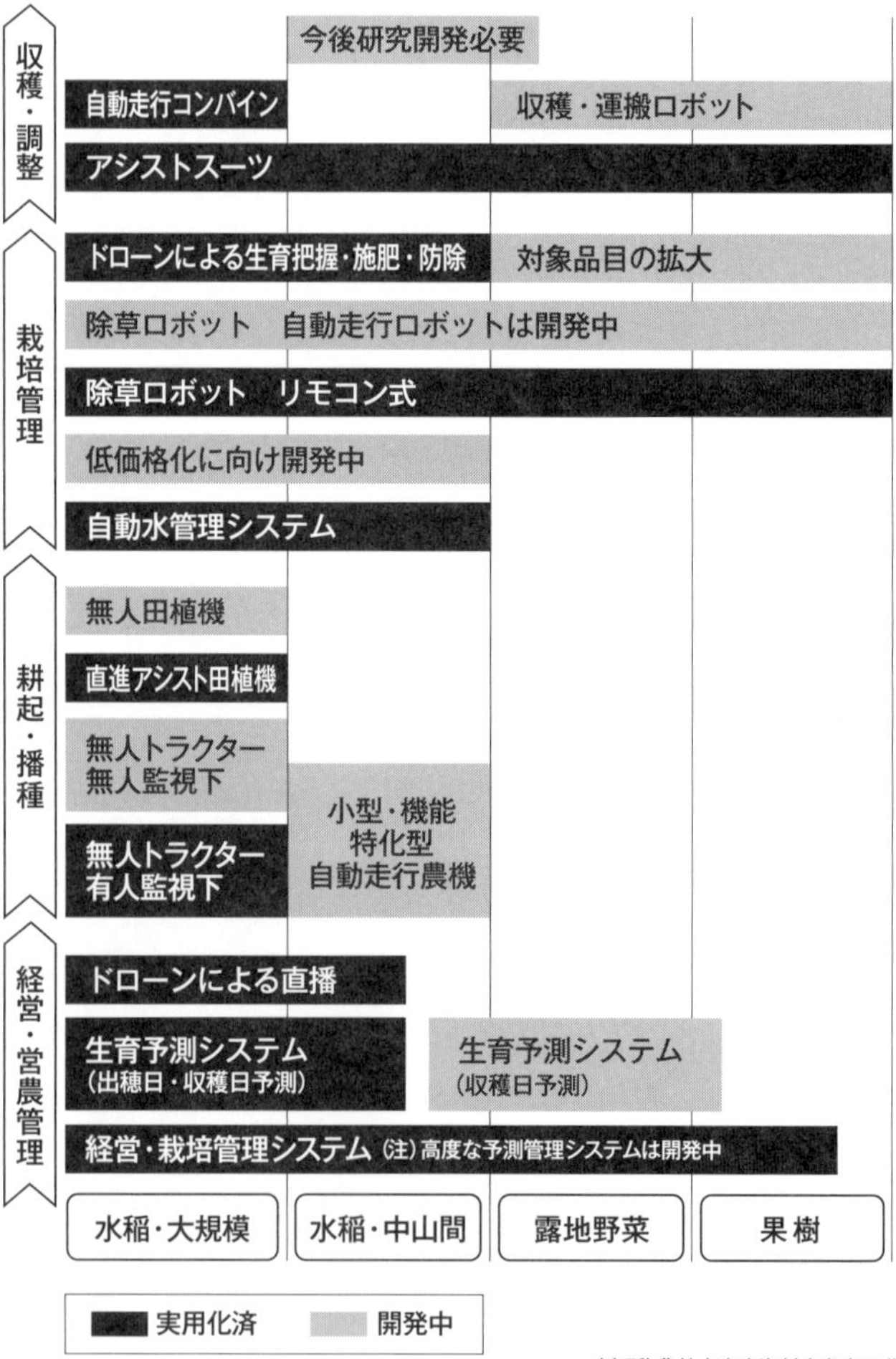

(出所)農林水産省資料を参考に作成

マート農業を実現することが、２０２５年の最終到達点だそうです。

とはいえ、スマート農業化の実情はどこまで進んでいるのでしょうか。

農林水産省の調査によると、図17に示すように、経営・栽培管理システム、生育予測システム、ドローンによる直播、有人監視下の無人トラクターなど、平地における大規模な水稲生産向けのスマート農業技術の一環体系はおおむね実現しつつあるようです。

一方、条件が不利な中山間地域の水稲や労働集約的な露地野菜、果樹向けのスマート農業技術は、研究開発段階のものが多いようです。

このため、農林水産省は、現場ニーズを踏まえた明確な研究目標の下、農業者、企業、研究開発機関等がチームを組んで、現場実装を視野に生産者のニーズを踏まえ研究開発を行うことにより、さまざまな地域や品目に対応したスマート農業技術を現場で導入可能な価格で提供する必要があるとしています。

こうした動きを見ると、確かにスマート農業は、日本の農業をガラリと変える可能性はありそうです。

❖忘れられてはならない人材育成

しかし、手放しで期待することはできません。

アベノミクスの「攻めの農業」は、あくまでも大規模化や担い手への農地集積という方向に、ＡＩやＩｏＴなど、スマート農業を導入し、競争力を高めることで持続可能な農業が達成できるとの考えです。

ただ、こうした成長戦略を突き詰めていくと、大規模農家と小規模農家への二極化が避けられません。

新しい農業の展開についても、繰り返しになりますが、スマート農業の実装が進む東日本と遅れている西日本、平地農業と条件の不利な中山間地農業で差が見られるようになっています。

スマート農業の導入は、競争力強化を目指す大規模農家にとっては、生産性を上げて収益力を高める手段となるでしょう。

一方、持続性という観点では、中山間地の小規模農業においても、ロボット草刈り機や自動走行農機の実装化など、社会的な課題を解決する手段としてスマート農業の導入という視点も必要です。

その際、重要な課題は人材です。

人材という点で見れば、ハード面あるいはソフト面にしろ、新技術を提供する側からスマート農業化を図ろうとしても、それを現場で使いこなせる農業者（多くは担い手）が果たしてどれほどいるのか疑問だからです。

せっかく優れたシステムを作っても、それを教育したり、農業者に普及したりする人がいないと、現場には反映できないことになります。

豊かさの再定義

現在の日本社会を覆うこの強い閉塞感《へいそく》、漠然とした不安は一体どこからくるのでしょう。

国際通貨基金（ＩＭＦ）は２０１９年10月15日、世界経済見通しの改定を発表し、２０１９年の成長率を3・0％に下方修正しました。２０１８年10月から5回連続の下方修正で、各国の景気拡大が同時進行した２０１７年の３・８％と比べると深刻な落ち込みと言えます。

貿易摩擦が解消されず、主要各国が相次ぎ導入する金融緩和政策がなければ、２０１９年の世界経済は2・5％に悪化する可能性があると警告しています。

日本の成長率予想は、２０１９年0・9％、２０２０年0・5％です。いつの間にか日本は成長できない国になってしまいました。

にもかかわらず、安倍政権は成長・成長とかまびすしく騒ぎ立てます。国家予算も社会保障費でもすべて高い成長を前提に作られています。

アベノミクスの本質を「期待値の操作」と評する者もいることは前にも述べました。「失敗することで支持を獲得し続ける」ということらしいのです。

思えば、ＷＴＯ（世界貿易機関）がスタートした１９９０年代半ばから、グローバリゼーションが加速するなか、構造改革の名の下で日本経済は沈み続けているのです。

しかし、グローバリズムとインターナショナリズム（国際化）を一緒にしてはいけません。後者はネイション、すなわち国の存在があって初めて意味があるのに対して、グローバリズムは国の個性そのものを排除するものだからです。

国の個性の代表は農業であり地域の農村社会です。

漠然とした不安の正体はこの農業・農村、ひいてはネイションの崩壊にあると考えます。崩壊を食い止めるにはどうしたらよいのでしょうか。

私はそのヒントは、成長を前提とした政策から、成長を前提としない「定常《ていじょう》型社会」への転換にあるような気がします。

これは古くは経済学者のジョン・スチュアート・ミル、近年では京大の広井良典教授などが主張している考え方です。

農業・農村を重視した「定常型社会」は、後述するように、実は「高齢化社会」と「環境循環型」という日本が抱えた課題を結び付けるコンセプトです。

要は、「豊かさ」の再定義の問題と言えるでしょう。

IPCC報告の不都合な現実

国内農業の弱体化、食料生産力の低下に歯止めがかからないなかで、「世界の食料生産を巡る環境は、人口増加と地球温暖化に伴う異常気象によって一段と不安定化している」。こうした事態を示す新たな報告書が示されました。

スイスのジュネーブで会合を開いていた国連の気候変動に関する政府間パネル（IPCC：Intergovernmental Panel on Climate Change）は2019年8月8日、「温室効果ガス排出削減効果が十分に進まなければ、気温上昇などによる食料生産へ悪影響が拡大し、2050年に穀物価格が最大23％上昇する恐れがあり、食料不足や飢餓のリスクが高まる」との特別報告書を発表しました。

一見、23％の価格上昇というのは、大したことではないと思いがちですが、決してそんなことはありません。

この価格上昇は世界平均価格であること。また、使われた予測モデルが、過去の構造を前提にしているためです。

気候変動の影響は今世紀に入って劇的に変わっており、将来の価格変動も増幅される可能性が高いと私は考えています。

改めて、報告書のポイントを眺めると次のとおりです。

◆世界の陸域の気温は産業革命前より1・53度上昇。陸地の平均気温は、陸と海を含む地球全体の2倍近いペースで上昇している。

◆将来は熱波の頻度が増し、地中海沿岸や西アジア、南米などで干ばつが増える。他の場所でも干ばつ、砂漠化、山火事、害虫の発生、土壌侵食、永久凍土の溶解などを引き起こす。

◆農林業などからの温室効果ガス排出量は人間活動による排出の23％を占める。

◆農業や林業など土地利用によるCO2などの温室効果ガス排出は昨年（2018年）52億トンで、多くは森林破壊が要因。

◆食料価格に関しては、温暖化により2050年に穀物価格が最大23％上昇し、食料価格も高騰。貧しい人が最も深刻な影響を受ける。

◆世界の気温が3度上昇すると干ばつなどの被害を受ける人口は、1・5度上昇時の1・5倍になる。

◆乾燥地帯では、砂漠化などで作物と家畜の生産性が下がる。
◆水不足や干ばつにさらされる人口は、産業革命前と比べ、今世紀末に気温が1・5度上がる場合は2050年までに1億7800万人、2度上がる場合は2億2000万人になる。
◆農作物や畜産などからの排出は2050年までに年23億〜96億トン削減の可能性。
◆植物中心等食習慣の変更で、温室効果ガスは2050年までに年7億〜80億トン削減の可能性。
◆食品ロスを減らせば、農地が減り温室効果ガス削減に効果。

温暖化が進めば食料生産が不安定化し、食料生産を増やすために農地開発をすれば、それが地球温暖化を進めることになるという指摘は何とも衝撃的です。

徴農制度について

こうした地球温暖化に伴う気候大変動が日本列島にも深刻な影響を与えるようになっているのに加えて、農業・農村の人手不足は、アベノミクスの成長戦略の下では、深刻な問題です。

しかし、日本はじめ世界経済は、成長どころか長期停滞時代に入っている可能性があります。

前述したように、2015年のCOP21で各国は、自主的にCO2排出量の大幅削減に取り組む「パリ協定」に賛同しました。2020年の具体的な取り組み検証の年に向けて、「脱石油」の動きが政界にも産業界にも急激に浸透し、石油資源はこれ以上の消費が不可能な「座礁資産：Stranded Assets」となりつつあります。

世界は、18世紀の産業革命以来、安い資源・エネルギー・食糧を前提に、「より速く」、「より遠く」、「より合理的に」を合言葉とした成長過程をまっしぐらに進んできました。

しかし、地球温暖化問題を考えた場合、いまや世界は「より遅く」、「より近く」、「より寛容に」といった世界を目指さざるを得なくなっています。

これは、農業・農村そして地方経済を見直すということにつながります。

若者の間でも、「農村女子」、「林業女子」など農業を見直す動きが現れています。

小泉政権時代の規制改革を契機に、安倍政権の7年間によって進められたさまざまな構造改革（その多くが、医療保険、労働、教育、郵便など、本来やってはいけない「社会的規制の改革）の結果、景気が良くなり企業が儲かっても決して賃金が上がらない構造に変えられたと言うべきでしょう。

農村に新たな生きがいを見出そうとする人々は、こうした現実に気が付き始めたのかもしれません。

私が心配するのは、「アベノミクスが終焉《しゅうえん》した時に何が起こるか」ということです。

世界的にも188兆ドルの債務バブルが「弾けた」場合の惨状を想像したくありません。

巷《ちまた》には再び失業者があふれる。

こうした事態になった時、「農業・農村の包容力」が改めて見直されることになると、私は確信します。

「農業・農村の包容力」とは、何人の人でも受け入れることができる力のことです。

1997年7月、タイのバーツ暴落を契機に広がったアジア通貨危機・金融危機・経済危機の際に、当時、大量に発生した失業者が、首都バンコクから農村に戻ったことで危機緩和につながったという話を耳にしました。

また、1929年10月24日、ニューヨーク証券取引所の株価が大暴落し、以降1933年にかけて米国経済は大恐慌に見舞われました。

その際、新川健三郎の『ニューディール』によると、銀行の倒産件数は5100件にのぼり、900万人もの預金を消滅させました。

多くの州では工業都市から州政府に向かう失業者の飢餓行進がみられました。

失業者の数は当時の労働人口の4分の1にあたる1500万人にのぼったそうです。

他方、農村部では都市の失業者とは反対の困難に直面。ここでは食料は豊富にあり、飢えそのものの不安はないかのように見えたものの、農産物価格の暴落のために多くの農民は収入の道を絶たれていました。

こうしたなか、共和党フーバー大統領の後を継いだ民主党のルーズベルトは、職のない青少年を集めて森林等の自然保存部隊を設け、キャンプ生活を送らせながら主に国有林で自然保護活動を行う計画を立てました。

これが民間資源保存団（CCC）です。

CCCは青少年に職を供給しつつ国有財産を保全するという政府の意向にそって発足し、

30万人以上の失業青年が森林に集まりました。

彼らは、植林、貯水池、養魚場、水害防止ダム、排水溝等の建設、松喰虫その他の森林の病害虫との戦い、史跡古戦場の修復などさまざまな活動に従事し、国立公園、森林、河川流域、レクリエーション地域の保全や改善に当たったのです。

このCCCは、その後1960年代になって、ジョン・F・ケネディ大統領の政権下で、対後進国援助隊の一環として「平和部隊」の構想につながっています。

さて、前置きが長くなりましたが、私が提案したいのは一定期間、農業・農村に住んでみたい、農業や林業を体験してみたいと希望する若者を支援する制度（徴農制度）ができないかということです。

大農論と小農論

「大農」か「小農」かという問題は、明治、大正、昭和そして平成にかけて、侃々諤々《かんかんがくがく》の議論がなされてきた古くて新しい問題です。

両者は畢竟《ひっきょう》、農業規模を拡大して粗放化し、労働生産性を高めることを優先させるか、労働を集約し収量の増加、すなわち土地生産性の向上に力点を置くかの違いと言えます。

小農論の代表は、明治時代に近代農学の始祖とされた横井時敬《ときよし》博士です。

「農学栄えて農業滅ぶ」

これは、日本の農学の在り方に対する警句として知られています。

農学の発展が、学問のための学問といった偏向が強まる結果、現場の農業との乖離《かいり》、農業者不在の農学に陥る危険性を危惧したものです。

西洋農学の大規模農法の教育を受けたにもかかわらず、横井は小農論者として通っています。

土地利用を通じての堆肥施用の考えがおろそかにされ、儲かる商品作物への著しい偏向が正常な土地利用方式や知力管理を破壊し、あげくの果てが自然環境系の破壊や資源の危機を招来させているとの思いが横井にはありました。

「一国の元気は中産の階級にあり」

中産階級としての農民とは、創造力も指導力もある生産的農民のことです。

彼は、「小農的地主こそは国が保護し育成していかなければならない中核である」という考えを持っていました。

私の学生時代の恩師であった金沢夏樹先生（農業経営）は、ゼミのなかで横井時敬の「実学」について、次のような話をされたことを覚えています。

一部の篤農家による単なるノウハウ（その場かぎりの個々の実用的な方法）は「たまたまうまくいった」とか「勘が当たった」というような、広く一般化して普及できないもの、つまり科学に共通すべき普遍性、体系性を持たないものが多いが、それは学問とは言えない。真の実学とは、解決すべき問題をさまざまな条件下で全体的に把握・分析し、解決のための理論と方法を論理的に記述することであり、まさに「問題解決のための学問」である、と言われました。

横井博士は、「農学は農民のために役立つ学問。つまり実学でなければならない」と常に学生たちに説いていたそうです。

そして、「小農の跡継ぎを養成することが農業教育の最大の責任であり任務である」としています。農民というこの問題を農業問題の出発点において、その上に農業政策の論陣を張ったのは少なくとも明治時代では横井時敬を除いてほかにいません。

横井博士の言葉には必ず、農業にとってかけがえのない資源は人間であり農民であるという思いがあります。わたしたちはこうした横井博士の言葉を改めて考え直してみる必要があるのではないでしょうか。

他方、大農論者として知られるのが民俗学者としても知られる柳田國男です。またシュンペーターの弟子として戦後の日本に近代経済学を導入した東畑精一も大農論を提唱しました。

「農民は何故に貧しいのか」を分析し、いかにして「貧しさからの解放」を実現するかが明治、大正、昭和初期における農学者の主要なテーマでした。

柳田の『時代ト農政』には、当時の農民の貧しさの原因として、「小作料米納の慣行」があげられています。

これには2つの原因があります。

1つは、地主制の下で、小作料のことを年貢と称した江戸時代からの慣行があったこと。

もう1つは、「農民の修正が経済界の変遷に随伴するに活気に乏しい」ことにある、と言うのです。これは要するに、金銭を以《もっ》て小作料としたくとも、農作物を売る市場がなかったことによります。

実際、戦前の日本の農地は、全体の45%が小作地であり、農家は小作農と自小作農（小作地が自作地より多い農家）で5割を占めていました。

小作が耕し、不在地主に現物で高額な小作料を納めていたことが、農村の貧困の要因だったのです。

東畑によれば、「小作料米納の慣行」の問題は、小作農から作物栽培の選択肢を奪うだけでなく、農民を農作物市場から隔離してしまうことで、改良や革新といった起業的能力を養う機会を奪ってしまうことにあります。このため東畑は地主制を批判しました。

戦後、GHQ（連合軍総司令部）は、日本の農村の封建的な生産関係を軍国主義の温床とみなし、二段階での農地解放を日本政府に示しました。

当時の喫緊の課題は、食料増産を図ることで食糧難を脱することでした。

農地改革は、地主から土地を借りて耕作していた小作農民に農地を売り渡すかたちで進められました。農地の9割が自作地となり、ほとんどの農家が自作農となったのです。

大農論者は、将来の日本農業を見据えて、この機会に農地の集約を進めるべきであったと悔《くや》みます。

一方、小農論者にすれば、当時の食料増産を急ぐためには小作農を自作農にするしかなかったのです。

「所有の魔術は砂を化して黄金となす」という言葉があります。

まさに、自分の土地だから一所懸命に耕し、砂のような不毛の土地であっても、豊穣の土地に帰ることができるのです。戦後の食料難はコメの大増産によりまもなく解消されました。

しかし反面、それまでの大規模農地が細分化され、小規模な農家を大量に作り出すことになったことも事実です。

なお、農地解放については、米政府の思惑によるとの説もあります。「政府は共産主義に対抗するため、農地改革を断行した」というものです。

戦後、日本の農村で盛り上がりを見せた社会主義運動が、農地改革の進行で地主勢力が解体することによって収束します。

日本の農村が保守勢力の地盤に変わる。とりわけ、小作農が自作農になると、それまで共産党の影響力が少なからずあった日本の農村部が保守系政党の強固な支持基盤に変わるとの思惑です。

結局、大農か小農かの議論は、その時代時代で何が相応しいかが論ぜられるべきものと考えます。

❖第五章

「萃点《すいてん》」としての農業・農村

南方熊楠の萃点

「萃点《すいてん》」という言葉があります。

これは、世界的な民俗学者である南方《みなかた》熊楠《くまぐす》の学問の在り方について、鶴見和子が名付けた言葉です。

さまざまな事象が錯綜し、複雑に絡み合い、一見収拾がつきそうもない時、問題を解決するポイントはそうした事象が最も集中したところにあるのです（図18）。

いろいろな矛盾が寄り集まって、一見どうしようもなく絡み合ったところにこそ糸口があります。そこを解きほぐすことでさまざまな問題が一挙に解決する、とい

図18 「萃点」(すいてん)としての農業・農村を見直せ

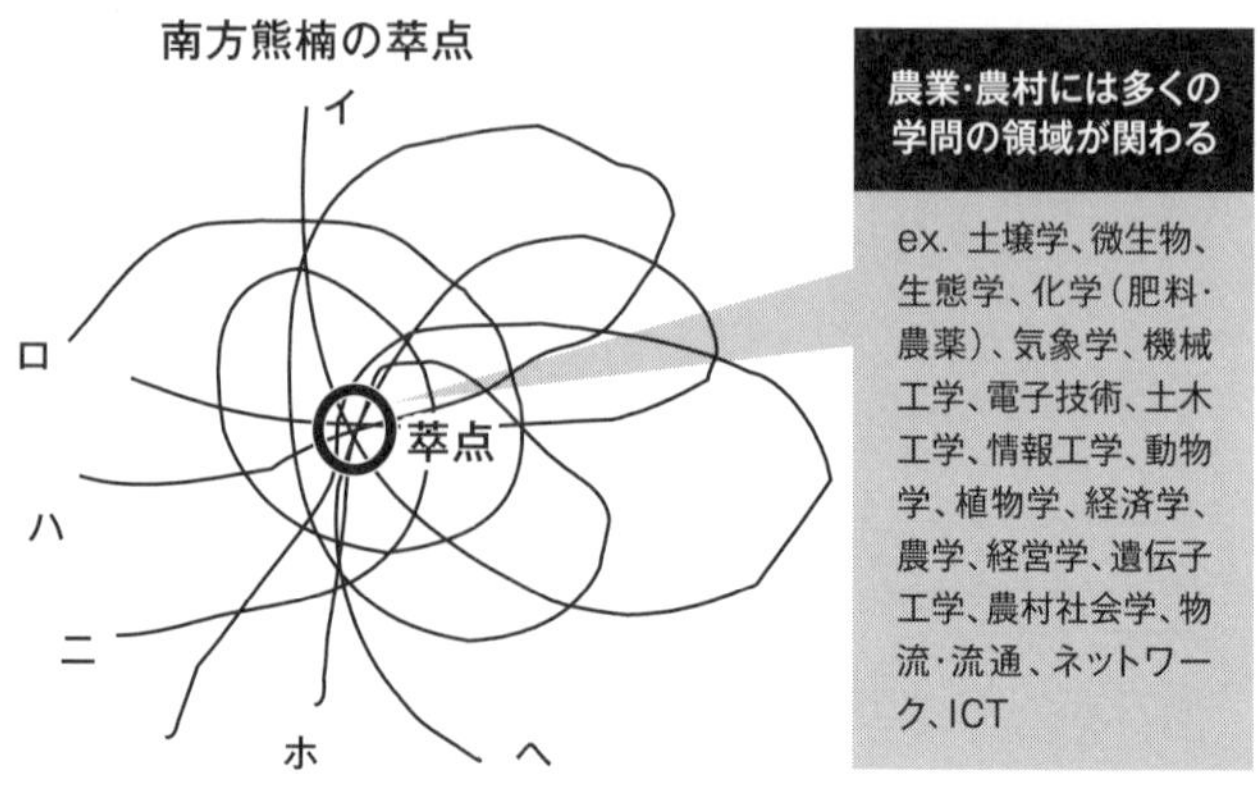

（出所）筆者作成

うものです。

南方は、自然破壊についても言及しています。「自然破壊は人間の破壊につながる」という原理です。それは、自然の破壊が起こる時、自分の住んでいる場所で直ちにそれを食い止める動きをせよという行動原理です。

❖農業・農村こそが日本の「萃点」

改めて今の日本の社会・経済における「萃点」とは何でしょうか。私は、農業・農村が日本の経済社会の「萃点」ではないかと考えています。

地球環境問題、飢餓、食糧不足、資源不足、地方と都市の経済格差、少子高齢化、人口減少。さまざまな問題が込み入り、解決できそうもないようにも見えます。

農業は、あらゆる技術、土壌学、化学、気象学、機械工学、電子技術、土木工学、情報工学、動植物学、経済学、農学、経営学、遺伝子工学などが関係しています。

国に対する不信、老後の不安、地方の衰退、経済の長期停滞、キレやすい子供の増加、エネルギーや食糧価格の値上がりなどの様々な不安や課題に対し、「萃点」である農業・農村がしっかりとしていてこそ、安心した将来生活が可能になるのです。

あらゆる問題解決の糸口は農業・農村にある

日本の「萃点」として農業・農村をとらえた場合、アベノミクス「攻めの農業」の軸足をこれまでの「産業政策」一辺倒から、「地域政策」へ移すべきです。

農業経営には、家族農業を主体とする社会的生産単位と法人による私的収益単位という2つの性格があるということは、以前にスマート農業の導入のところで述べました。収益性に関わる技術は民間企業や個別経営の投資に任せるべきで、国は地域農業振興の観点から公益性の高い新技術の普及に注力すべき、と力こぶを入れて述べたつもりです。ということは、国の農業政策にも2つあるということです。

この点は前著『食糧クライシス』でも、P216の『「攻めの農業」の先に描かれる農業の将来ビジョン』で述べた点と重なります。

❖産業政策ではなく地域政策を

図19を見てください。

日本の農業を平地と中山間地に分けた場合、国の政策も大きく「平地」の農業に対する「産業政策」と「中山間地」農業に対する「地域政策」に分かれます。

条件の良い平地では、規模を拡大しコスト低下を図り、6次産業化で付加価値を付け、機会があれば輸出に打って出ることも可能です。

こうした競争力強化により「農業の経済的価値を追求する」農業者に対して、政府は「産業政策」としての農業政策を打ち出しています。

これに対し、「地域政策」としての農業政策は、中山間地など条件不利な地域を対象に、農業・農村の魅力を活かした地域社会の活性化を目指すものです。

言わば、農業経営の社会的生産単位としての性格を重視し、農村の社会的価値（多面的機能）を追求する攻めの農業と言えます。

しかし、農地面積の広さで見ればどのようになるでしょうか。

日本の水田面積250万ヘクタールのうち「産業政策」の対象となる農地、すなわち1ヘクタール以上の区画整理がすんでいる面積はどのくらいかと、以前農水省に聞いたところ、

図19　アベノミクス「攻めの農業」の構図

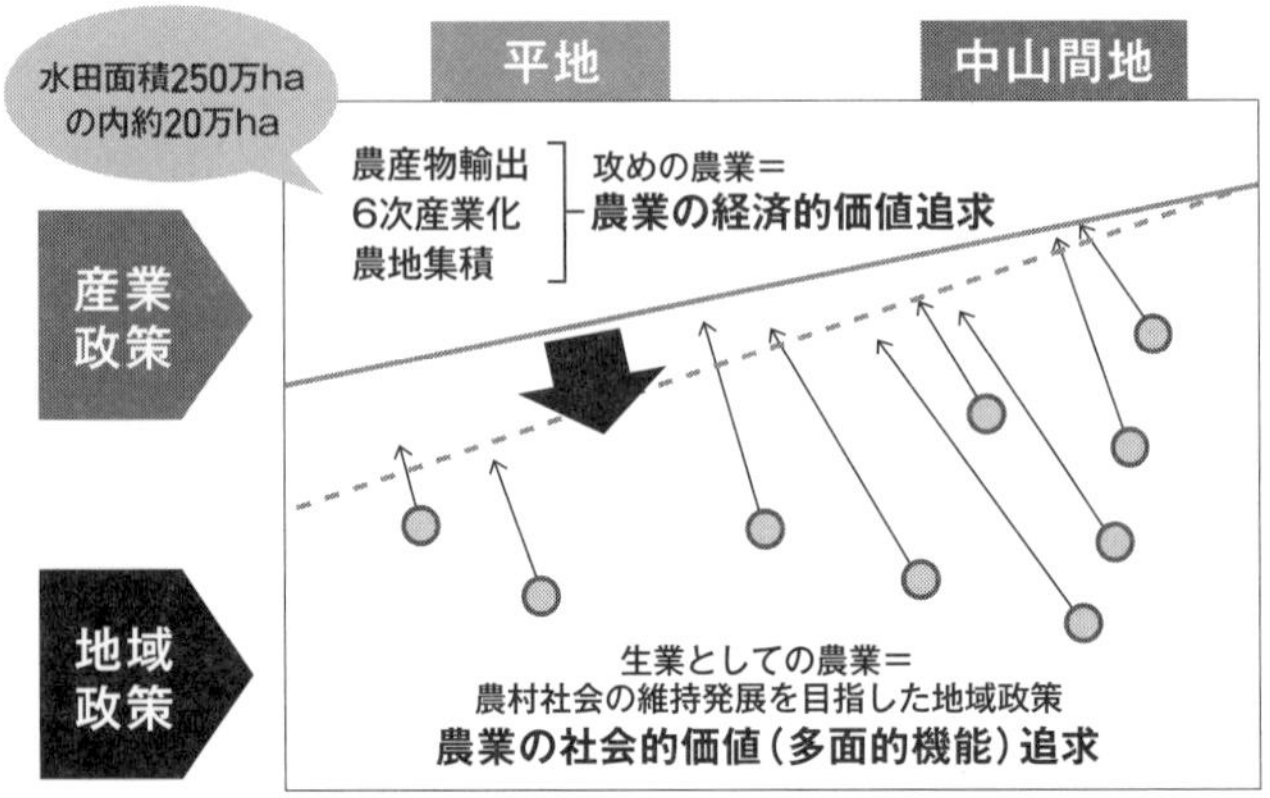

（出所）農水省資料を基に筆者作成

「20万ヘクタール程ですかね」ということでした。これは全水田面積の10％程度、全農地面積の5％程度でしかありません。

残り、230万ヘクタールは条件不利で「地域政策」が必要な「中山間地」での農業ということになります。

ただ、これらのなかには、図19の丸印で示したように、個別には「攻めの農業」を行っている経営も点在します。地方創生はこうした中山間地域での「攻めの農業」を目指すと言えるでしょう。

ただ、ここで注意すべきは、政府や産業界が「攻めの農業」と言っている農業とは、あくまでも条件有利な「平地」の農業と考えられることです。

日本の農業の大半は、中山間地における

生業《なりわい》的な小規模農業（経営面積2ヘクタール未満）です。

このエリアからは、個別農家の取り組みとして経済的価値を追求するケースもありますが、大半は、農村社会の維持を目指した地域政策を必要とするエリアなのです。

スマート農業の導入・普及と同様に、「地域政策」を抜きにした「産業政策」、すなわちアベノミクスの「攻めの農業」が、小規模・家族農業の切り捨てになってはなりません。

わたしたちは、令和時代を迎えて、農業・農村の多様な機能を活かすことが、平成時代において失われつつある社会安定装置の強化につながることを再認識すべきです。

いまさら「医福食農」とは

日本の景気について安倍政権は、2017年9月に「いざなぎ景気」（1965年11月～1970年7月の57カ月）を超え戦後2番目の長期景気となり、2019年1月には「いざなみ景気」（2002年2月～2008年2月の73カ月）を超え、戦後最長の景気拡大になったと強弁して憚《はばか》りません。

しかし、政府による統計方法の変更問題はさて置いても、経済の先行きには暗雲しか漂っておらず、景気の「いざなみ」越えには違和感があります。

国民の間にもそうした実感は微塵《みじん》もありません。

むしろ、日本社会には将来の不安や不信が蔓延《まんえん》しているのが実状です。

この背景には、医療、介護、老後の年金「2000万円不足」問題、保育サービス問題、地方経済の疲弊、格差、食の安全・安心、気候変動、そして2019年10月の消費税増税など、乗り越えなければいけない問題や課題が山積みになっていることがあります。

また、これらは高齢化社会の道を突き進む中国・アジア諸国が近い将来に抱える問題でもあります。

このため、課題先進国である日本は、「課題解決先進国」となることによって活力と存在感を取り戻そう、という考えが安倍政権にはあります。

それはそれで大いに賛成です。ただ、これらは以前から指摘されてきた「古くて新しい問題」です。いまや一般論を並べる時は過ぎました。

具体的にどうすべきなのかが問われています。

❖農業・農村に「医福食農」は備わっていた

私は、これらの問題を解くカギが実は「農業・農村」にあると考えています。

失われた信頼・安心を取り戻すために問題の原点、すなわち「萃点《すいてん》」を見つめ直す必要があります。

日本経済の「萃点」は農業・農村であると前に述べました。農業・農村を見直すことは新たな産業政策、地域活性化という面から見ても有効です。

かつて農村共同体は安全・安心の社会でした。農村は包容力が大きいのが特徴です。住民が10人増えようが20人増えようが、農村の懐に飛び込んでしまうと食べさせることがで

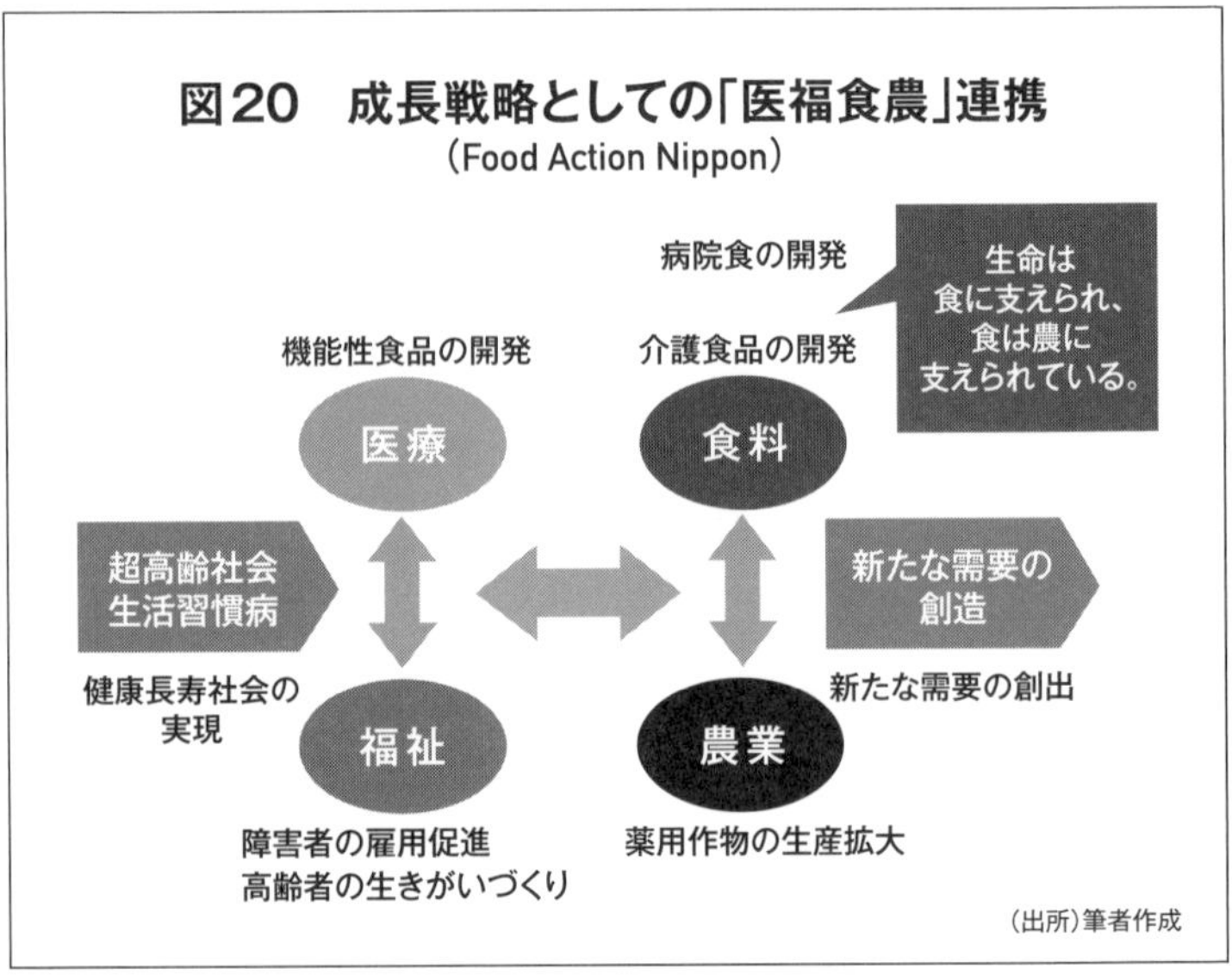

図20　成長戦略としての「医福食農」連携
（Food Action Nippon）

（出所）筆者作成

きます。健全な農業・農村であれば、そこが社会のセーフティーネットになります。

安倍政権内には、健康長寿社会を実現すると同時に、農業の成長戦略として「医福食農の連携」という視点から農業を見直そうという動きもあります。「医」は機能性食品の開発、「福」は障害者の雇用促進や高齢者の生きがいづくり、「食」は介護食品の開発、「農」は薬用作物の生産拡大です（図20）。

しかし、私が子供の頃（1950〜60年代）には、敢えて連携をしなくとも、少なくともこれら「医福食農」は、すべて農業・農村に備わっていました。農業が家族労働を中心にコメも作るし、小麦も作り、野菜、果物、豚や鶏を飼い、牛や馬もいるといった複合経営であったためです。地域全体で子供の面倒を見、年寄りの介護も行ったのです。

それが、1961年の農業基本法の制定以降、農業近代化の号令の下で、効率化、市場経済化が進んだ結果、「医」、「福」、「食」、「農」に機能分解してしまったのです。

私にとっては、いまさら「医福食農」連携とは……いったい今までの農業近代化は何だったのかというやり場のない気持ちになります。

❖農業は昔から太陽系エネルギー産業

また、ここにきて地球温暖化やエネルギーの脱炭素化が深刻な問題となっていますが、農業というのは昔から太陽系エネルギー産業です。

農地は究極のソーラーパネルであり、農作物は太陽エネルギーを最も効率よく濃縮・固定化したものです。

地方創生が叫ばれるなか、日本が2015年の「パリ協定」での目標を達成するには、「エネルギーの脱炭素化」を進める必要があります。この点、農業・農村を基盤にした社会こそが目指す低炭素社会なのです。

太陽系エネルギー産業である農業は、産業としてのすそ野が広いと言えます。例えば、農村を生活基盤とした2世代・3世代住宅の建設は地域起こしになります。その際、住宅は太陽光発電をベースに、地域に応じて中小水力や風力発電を取り入れた究極のエコ住宅にします。

将来の介護・福祉の不安は、家族や仲間内による在宅介護の充実で和らげることができます。

小さな家庭菜園・農園を持つことで食料不安も解消されます。地産地消だから健康にもプラスです。

農業への参画には、単に農産物販売・輸出を狙いとするばかりではなく、農作業で自然に触れたいという人々のニーズもあります。

子どもたちの教育面でも、食育を通じて真の生きる力を身に付けられます。

これら一連の動きは雇用確保にも貢献し、人口減少社会の安定機能を強化することになります。

農村・農業の見直しは地方主権の流れにも沿うものです。

食料安全保障にとっても、日本の農業・農村の見直しは急務です。

世界の食料市場では、２００８～12年にかけての「食料危機の構図」が解消したわけではありません。

世界人口増加、新興国の経済成長に伴う食生活の向上、異常気象、水不足問題、バイオ燃料の増加などを考えると、2019年8月のIPCCの特別報告に指摘されるまでもなく、中長期的な需給ひっ迫が不可避です。

世界の食料市場は、ますます「不安定化」しつつあると言えるでしょう。

特定の大規模農家や法人経営のみを「プロの農家」として育成するのではなく、多数の小規模零細農家や条件不利地での高齢者農家を含め、農業・農村における「ヒト」、「農地」、「水」、「技術」のあらゆる資源をフル活用させる時がきたと言えます。

❖古代ローマ帝国はなぜ滅んだか

古代ローマ帝国はなぜ滅んだのでしょうか。

ゲルマン民族の侵入、政治的混乱や経済活動の衰退、食糧危機など、さまざまな没落説があります。

これらのなかでも私は、ローマ帝国の盛衰には食料問題が重要な関わりをもっているとみています。

古代ローマ軍の強さは農民の強さにありました。

前509年に王制が廃止され、元老院と民衆による共和政が始まりました。

これを契機に、ローマは遅れた小国から国際都市へと変貌します。

軍事力と農業経営力を兼ね備えたローマ人は、周辺の地方を征服して領土にし、農地に変えていきました。

戦争に兵士としてかりだされたのは、小規模の土地を所有する自作農民でした。

彼らは戦争のための武器をみずから調達したばかりか、出征期間中は耕作すべき土地を一時的にせよ放置しなければなりませんでした。

しかし、遠隔地での戦争が多くなり出兵期間も長くなると、農民兵士は農地を手放さざるをえなくなり、やがて没落の道をたどりました。

戦争による版図拡大とともに、都市ローマにはアフリカ（チュニジア）、エジプト、ギリシャなど、多くの属州から大量の穀物が流入するようになります。

この一方、イタリア半島では小麦生産からオリーブなどの果樹に切り替わり、小麦などの基礎食糧である穀物は、属州から輸入する形となったのです。

その結果、都市ローマは、しばしば食糧危機に見舞われるようになりました。

治世者にとって、食糧供給の確保は極めて重要な課題であり難題でもあります。食料問題を解決するために強大な権限を与えられたのが、初代皇帝アウグストゥスです。3世紀に入るとローマ帝国は、政治危機、軍事危機、財政危機といった混迷の時代に入ります。ディオクレティアヌス帝の治下（284～294年）には、インフレによって物価が高騰し、食糧をはじめ、あらゆる商品が消えました。

土地を離れる農民の数が増えていったため、皇帝は、農地を放棄することを禁止しました。しかし、農業を軽視して海外からの輸入に依存した付けは重く、貿易を支えていた海軍力がひとたび衰えた時、気が付けば土地は疲弊しつくし、農業の担い手もなく、ローマ帝国は滅びるしかなかったのです。

岩盤規制撤廃の名のもとに、外資や株式会社の資本参入により性急に農業改革を進めるアベノミクス農政は、あたかも古代ローマで、相次ぐ戦乱の中で元老院貴族が財力に任せて近隣の小規模農民の農地を買い占め、現在も名高いラティフンディアと呼ばれる奴隷制の大規模農業経営大土地を成立させる過程と重なります。

「人民は違っても似たような出来事が起こる例は珍しくない」とはマキアヴェリの『ローマ史論』での言葉です。

あらためて肝に命じるべきでしょう。

おわりに

❖アントロポセン（人新世）と農業の持続可能性

最近、科学誌などに「アントロポセン（Anthropocene）＝人新世《ひとしんせい》」という耳慣れない言葉を見るようになりました。

もともとは2000年にメキシコでノーベル賞化学者、クルッツェン（Paul Crutzen）が提唱したものです。

地球環境の変化を示す証拠は、地球に堆積した地層の中に痕跡として残されています。

地質学では、地球の歴史46億年のうち、現在は1万7000年前に始まった新生代第四期完新世の時代にあるというのがこれまでの定説でした。

しかし、完新世はすでに終わっており、人類は1950年頃より「アントロポセン」と呼ぶ新たな地質時代に移行している、という説が一部の地質学者により提唱されるようになりました。

地球気温の上昇、北極・南極の氷が解けることによる海面の上昇、その影響としての生態系の地域的変化、病原菌の脅威、難民問題、水資源を巡る紛争などすでに様々な問題が起きています。

将来世代がわたしたちの時代を振り返れば、確実に特徴的なさまざまな痕跡《こんせき》を地層の中に見出せるはずだと、彼らは考えているようです。

例えば、大気中で核実験が行われていた痕跡、化石燃料由来のプラスチックが大量に使われた痕跡、窒素を含む肥料が多量に使われた痕跡などです。

特に、二酸化炭素（CO2）は生物体の絶滅をはじめとする様々な痕跡を残すと考えられています。

世界の穀物市場が6年連続の豊作にもかかわらず一段と不安定になっている背景には、「アントロポセン」の地質時代を迎えた世界の農業が、その持続可能性を問われているためなのかも知れません。

❖ゴヤの「黒い絵」

ローマ神話に登場するサトゥルヌスは、我が子のひとりによって王座から追放されるとの予言に恐れを抱き、生まれてくる5人の子を次々に呑み込んでいきました。

近代絵画の父と異名を持つロココ・ロマン主義時代の画家フランシスコ・デ・ゴヤが描いた『我が子を食らうサトゥルヌス（黒い絵）』には、この話をモチーフに自己の破滅に対する恐怖から自分の子を頭から食い殺す姿がリアリティを持って描かれています。

この恐ろしい父親の姿は、自然破壊というかたちで未来を食べるわたしたちと重なってくるような気がしてなりません。

あらゆる事象は2度起こると言われます。はじめは予兆として、そして次に起こる時には本性を剥き出しにして。

地球温暖化、水資源の枯渇、環境汚染、生物の多様性喪失、そして日本では森林崩壊、農業・農村の衰退、漁業の崩壊—など、すでに予兆が指摘されて久しいものがあります。

ある点を過ぎてしまうと、もはや人間の手ではどうにもなりません。アウト・オブ・コントロールの、その点が臨界点、特異点（ティッピング・ポイント）です。

危機を煽《あお》るつもりはありませんが、煽らずにはいられないのも本心です。

歴史という大河の上流にいる現世代のわたしたちが、少なくとも行ってはならないことがあります。

それは次世代の選択肢を狭めてしまう行動です。アベノミクスの「攻めの農業」にはそうした危うさを感じてなりません。

本書は、そうした躓《つまず》きに対する警告の書であるとともに、躓きからの立ち上がりの石になればとの願いから私の思いを込めて描いたものです。

❖参考資料

※本書執筆に当たっては多くの文献を参考にしました。その都度、文章中で紹介していますが、もはやわが血肉となって体化しているものについてはいちいち取りあげずに、左記に示すことにしました。

荏開津典生『農業経済学』（岩波書店）1997
川井一之『近代農学の黎明』（明文書房）1977
岸康彦『食と農の戦後史』（日本経済新聞出版社）1996
田代洋一『農協改革・ポストTPP・地域』（筑摩書房）2017
暉峻衆三『日本の農業150年』（有斐閣ブックス）2003
原　剛『日本の農業』（岩波新書）1994
飯沼二郎『日本農業の再発見』（NHKブックス）1975
飯沼二郎『風土と歴史』（岩波新書）1970
フランク・ディケーター『毛沢東の大飢饉』（草思社）2011
エドワード・O・ウィルソン『生命の多様性』（岩波現代文庫）2004
（一社）日本経済調査協議会『日本農業の20年後を問う―新たな食料産業の構築に向けて―』2017
柳田國男『時代ト農政』（ちくま書房）1991

山下一仁　『いま甦る柳田國男の農政改革』（新潮選書）２０１８
新川健三郎　『ニューディール』（近藤出版社）１９７３
奥原正明　『農政改革』（日本経済新聞出版社）２０１９
柴田明夫　『コメ国富論』（角川ＳＳコミュニケーションズ）２００９
柴田明夫　『食糧クライシス』（エフビー）２０１５
柴田明夫　ＡＦＣフォーラム２０１８年5月号1億２６７０万人の食糧安保3ページ
「農村の社会・自然・人的資本を「まるごと」」
柴田明夫　季刊エルコレーダー「環境と食料問題」
２０１８年4月1日、７月20日、10月1日、２０１９年1月1日

※資料およびデータは以下を参考にした。
農林水産省ホームページ　基本データ集
農林水産省『食料・農業・農村白書』参考統計集
農林水産省「米をめぐる関係資料」各年

本書は外食経営誌『フードビズ』連載中の「食糧クライシス」をもとに再構成しました。

著者紹介

柴田　明夫（しばた　あきお）

1951年栃木県生まれ。1969年宇都宮東高校卒。1976年、東京大学農学部卒業後、丸紅に入社。鉄鋼第一本部、調査部を経て、2000年、業務部経済研究所産業調査チーム長。2001年丸紅経済研究所首席研究員、2006年所長、2014年より代表。2011年10月株式会社資源・食糧問題研究所を設立し代表に就任（現職）。主な著書に、『資源インフレ』、『食糧争奪』、『水資源』、『食糧危機にどう備えるか』、『コメ国富論』、『食糧クライシス』などがある。

扼殺《やくさつ》される日本の農業

2020年2月28日 第1刷発行

編著者　柴田 明夫
発行者　野本 信夫
発行所　株式会社エフビー
〒102-0071　東京都千代田区富士見2-6-10-302
電話 03-3262-3522　FAX 03-5226-0630
e-mail　books@f-biz.com
URL　http://f-biz.com/
振替00150-0-574561
印刷・製本所　株式会社 暁印刷
ブックデザイン　安藤葉子（COMO）

ISBN　978-4-903458-16-8